BETTINA KUTSCHENREITER CHRISTIAN KUTSCHENREITER

Gestatten: Biber

Unsere außergewöhnliche Freundschaft
mit einer Biberfamilie

BETTINA KUTSCHENREITER CHRISTIAN KUTSCHENREITER

Gestatten: Biber

Unsere außergewöhnliche Freundschaft
mit einer Biberfamilie

LUDWIG

MIX
Papier | Fördert gute Waldnutzung
FSC® C014496

Penguin Random House Verlagsgruppe FSC® N001967

2. Auflage
Originalausgabe 09/2024

Neumarkter Straße 28, 81673 München
produktsicherheit@penguinrandomhouse.de
(Vorstehende Angaben sind zugleich
Pflichtinformationen nach GPSR.)

Redaktion: Ulrike Strerath-Bolz
Umschlaggestaltung: wilhelm typo grafisch unter Verwendung eines Fotos von © Bettina und Christian Kutschenreiter
Fotos im Innenteil: © Bettina und Christian Kutschenreiter
Satz: satz-bau Leingärtner, Nabburg
Druck und Bindung: GGP Media GmbH, Pößneck
Printed in Germany
ISBN: 978-3-453-28174-5

www.Ludwig-Verlag.de

Inhalt

Vorwort

Um es gleich vorweg zu sagen: Beruflich haben wir eigentlich nichts mit Bibern zu tun. Wir arbeiten beide in München, pendeln also jeden Tag zwischen unserer Heimat im Bayerischen Voralpengebiet und München hin und her. Wie üblich sind wir heute Morgen kurz vor fünf Uhr aufgestanden, haben uns kurz fertig gemacht und sind dann Richtung Arbeit losgefahren. Wir starten so früh, um dem Verkehrschaos möglichst zu entgehen und abends mehr Zeit zu haben. Nach den üblichen Widrigkeiten eines Arbeitsalltags freuen wir uns dann schon auf den wohlverdienten Feierabend. Spätestens, wenn wir auf unserem Rückweg vom Irschenberg aus unsere Heimat von oben erblicken, rückt unsere freie Zeit in greifbare Nähe. Zeit für unsere große Leidenschaft: die Biber.

Gegen Abend machen wir uns auf den Weg zu unserer wild lebenden Biberfamilie. Wir freuen uns schon auf die Erlebnisse, die uns der Abend bescheren wird. Jeder Tag ist anders, und es wird selten langweilig. An unserem Treffpunkt angekommen – wir sind leider wieder etwas zu spät dran –, werden wir schon sehnsüchtig erwartet. Das »Mauserl« hält Ausschau nach uns. »Mauserl« ist ein kleiner Biber aus dem Vorjahr, und sie ist etwas ganz Besonderes. Sie liegt regungslos im Wasser wie ein Baumstamm, macht keinen Mucks. Natürlich hat sie uns längst bemerkt. Kurz bevor wir uns hinsetzen, taucht sie ab und lässt sich die nächsten paar Minuten nicht blicken. Nur ein paar kleine Wellen verraten ihr Versteck am Ufer. Nach etwas Zureden schwimmt sie aber doch auf uns zu, fiept lautstark und herzerweichend. Am Ufer angekommen, stockt sie, wird ganz vorsichtig und langsam, pirscht sich zu uns herauf. Kurz bevor sie uns erreicht hat, macht sie eine 180-Grad-Kehrtwende und springt einen Meter weit weg. Dann dreht sie sich um und marschiert zu uns, als wäre nichts gewesen, und holt sich ihre Streicheleinheiten ab.

Wenig später erscheint »Anton«. Schon von Weitem ist er zu hören: Laut fiepend schwimmt er zu uns heran, stürmt das Ufer hoch, und Tina kann ihn gerade noch davon abhalten, dass er es sich auf ihrem Schoss bequem macht. Inzwischen wiegt er an die 25 Kilo, da reicht es durchaus, wenn er sich nur an sie herandrückt, um sich streicheln zu lassen. Wenn es ihm nicht schnell genug geht, stupst er Tina kräftig an. Dann verschwindet er wieder, sucht sich am Ufer einen Ast, kommt kurze Zeit später damit zurück und setzt sich gemütlich zu uns.

Zwischendrin fiept er plötzlich und schaut uns mit großen Augen an. Offensichtlich hat er festgestellt, dass wir zwei ja ganz ohne Ast dasitzen, und das geht natürlich gar nicht. Also beißt er von seinem Ast einen Teil ab und bringt ihn uns. Er legt das Holzstück einfach vor unseren Füßen ab wie ein Hund, der ein Stöckchen apportiert. Er bleibt stehen, fiept abermals, sieht uns direkt mit erhobenem Kopf in die Augen: Hab ich das nicht gut gemacht? Natürlich loben wir ihn ausgiebig, und ein paar Streicheleinheiten springen dabei auch für ihn raus.

Wir sehen uns begeistert an und fragen uns, was Anton uns wohl sagen will, was er damit ausdrücken möchte. Außer ihm hat bisher noch kein Biber jemals dieses Verhalten gezeigt. Ein paar Minuten später schwimmt er weg, ohne den Ast oder die Blätter gefressen zu haben. Es scheint, als hätte er ihn uns wirklich nur bringen wollen. Was für ein einmaliges Erlebnis! Warum er das macht, wissen wir leider nicht, und bis jetzt konnten wir das auch nicht herausfinden. Vermutlich wird es auch dabei bleiben. Der Rest der Familie lässt sich heute nicht bei uns blicken. Doch nach diesem einmaligen Erlebnis fahren wir mit einem Lächeln im Gesicht nach Hause.

Und morgen? Wahrscheinlich werden wir unsere Biberfamilie auch morgen wieder besuchen. Wie wir es schon seit Jahren tun.

Vermutlich stellen Sie sich jetzt die Frage, wie es überhaupt erst dazu kommen konnte. Davon und von unseren Erlebnissen mit den Bibern erzählt dieses Buch.

Seit mehr als zwanzig Jahren beschäftigen wir uns mit dem Thema Biber. Eine lange Zeit, in der die Faszination immer weiter gewachsen ist. Allerdings hätten wir am Anfang wirklich nicht geglaubt, dass Biber jemals eine so wichtige Rolle in unserem Leben spielen würden. Heute sagen wir: Wir möchten keine Sekunde mit diesen Tieren missen und sind froh, dass wir ihnen einen so großen Teil nicht nur unserer Zeit, sondern unseres Lebens gewidmet haben.

Nach einigen Jahren der Beschäftigung mit einer Gruppe von Bibern wurden wir als »Familienmitglieder« akzeptiert. Seitdem gewähren uns die Tiere einzigartige Einblicke in ihr Familien- und Sozialleben mit allen Höhen und Tiefen, ohne sich durch unsere Anwesenheit gestört zu fühlen.

Anfangs war unsere Arbeit geprägt von Unwissenheit und Rückschlägen. Wir brachten wenig Wissen mit, aber dafür sehr viel Geduld und Ausdauer. Die brauchten wir auch, denn zu Beginn wurden wir von Teilen unserer Familien und unseres Freundes- und Bekanntenkreises rundheraus zu Spinnern erklärt. Schon die ersten größeren Anschaffungen von Kameras und Objektiven versuchte man uns auszureden. Erst nach vielen Jahren, nach zahlreichen Veröffentlichungen und Vorträgen zu dem Thema schlug die Skepsis in Anerkennung um. Wichtiger als die Anerkennung der Zweibeiner ist uns aber die einzigartige Freundschaft zwischen uns und einer wild lebenden Biberfamilie.

Wild lebend heißt: Unsere Biberfamilie lebt frei und in absoluter Wildnis. Es handelt sich weder um eine Domestizierung noch um Handaufzucht, Gehege oder gar Gefangenschaft. Sie kommen und gehen, wann immer sie wollen. Umso erstaunlicher, dass die Tiere uns so viel Vertrauen schenken. Das ist der schönste Lohn für unsere Mühe. Es ist nicht immer ganz einfach, den regelmäßigen Kontakt zu den Bibern zeitlich zu organisieren, zumal wir ja noch »bürgerlichen Berufen« nachgehen, aber es ist den Aufwand definitiv wert. Und spätestens, wenn sich so ein Kerlchen wieder an uns ankuschelt, sich genüsslich streicheln lässt oder im Gegenzug versucht, unseren kläglichen »Restpelz« zu pflegen, wenn wir nach einer Pause unserer Besuche lautstark fiepend begrüßt werden, wird uns wieder bewusst, wie außergewöhnlich und kostbar diese Freundschaft ist.

Wir halten täglich Kontakt zu den Bibern, nur unterbrochen durch unsere Reisen, die sich allerdings über mehrere Wochen erstrecken können. Unser täglicher Zeitaufwand beträgt ca. eine bis vier Stunden. Unsere Erfahrungen und Erlebnisse beziehen sich zu 95 Prozent auf diese eine Biberfamilie. Wir erleben mittlerweile das dritte Weibchen sowie das zweite (uns bekannte) Männchen, und wir durften die ersten beiden Lebensjahre von mittlerweile 27 Jungtieren miterleben.

Den einschlägigen Interessenverbänden der Land-, Forst- und Jagdwirtschaft ist es leider mit vielen Veröffentlichungen und Stellungnahmen zum Thema Biber gelungen, den größten Landschaftsgestalter unserer Heimat völlig zu Unrecht in ein negatives Licht zu rücken. Gebetsmühlenartig werden Forderungen nach »Entschädigung«, »Abschuss« und »Entnahme« (ein verharmlosendes Wort für das Töten der Tiere) gestellt. Unsere Arbeit wird dadurch nicht unbedingt leichter. Auch deshalb versuchen wir mit unseren Vorträgen und Veröffentlichungen, interessierten Personen einen Einblick in das Familienleben der Biber zu gewähren. Ab und zu lernt man dabei sehr interessante und charismatische Persönlichkeiten kennen. Einige wenige gehören inzwischen zu unserem engeren Freundeskreis.

Umso dankbarer sind wir, dass wir nun die Möglichkeit haben, ein Buch zu veröffentlichen und damit noch mehr Menschen zu erreichen. Wir möchten Sie in die Welt eines der wohl faszinierendsten Tiere unserer Heimat entführen. Hoffentlich springt ein kleiner Funke unserer Begeisterung auf Sie über.

Projekt »Biber«

Eigentlich nur Zufall – die erste Begegnung

Es begann, wie so vieles im Leben, mit einem Zufall. Es war Juni, und ich wollte eigentlich einen Eisvogel fotografieren. Ich legte mich versteckt an einem abgelegenen Altwasserarm auf die Lauer, um zunächst die Lage zu sondieren und ihn aus der Ferne betrachten zu können. Wie erhofft, bekam ich den Eisvogel zu Gesicht und konnte ihn sogar beim Fischen beobachten. Von einem Ast aus schoss er pfeilschnell ins Wasser, tauchte mit einer kleinen Elritze im Schnabel wieder auf und flog sofort zu seinem Ansitz zurück. Die Beute wurde mit einigen harten Schlägen auf den Ast getötet und dann mit dem Kopf voraus in einem Stück verschluckt.

Es war ein Eisvogelmännchen, zu erkennen an der schwarzen Schnabelunterseite. Beim Weibchen wäre diese orange gefärbt. Nach ein paar Stunden waren mir schon einige schöne Ansitzfotos des fliegenden Juwels gelungen; jedes noch so kleine Federchen war zu erkennen. Was für ein prächtiges Kerlchen!

Es wurde Abend, das schöne Licht war verschwunden, und so verließ ich nach etlichen Stunden mein Tarnzelt. Plötzlich war in unmittelbarer Nähe ein lautes Platschen zu hören. Ich fuhr erschrocken zusammen.

Das Ufer ist in diesem Bereich sehr steil und die Vegetation sehr dicht. Anfangs konnte ich die Ursache also nicht ausmachen; es waren nur ein paar Wellen zu sehen. Ich musste mich weit über die Steiluferkante beugen und warten. Und richtig: Da waren die Verursacher, eine Biberfamilie bestehend aus zwei Alt- und drei Jungtieren, die sich beim abendlichen Spiel und bei der Nahrungssuche offensichtlich von mir gestört fühlten. Die Jungen waren noch sehr klein, fast winzig im Vergleich zu den Alttieren, und hatten große Mühe abzutauchen. Platsch, schon wieder erschreckten sie mich, indem die Alttiere mit voller Wucht ihre kräftige Kelle auf die Wasseroberfläche schlugen. Das Wasser spritzte viele Meter weit.

Dem ersten Schreck folgte Begeisterung. Ich war absolut überwältigt. Noch nie war ich einer Biberfamilie so nahe gekommen. Sofort rief ich meine Frau Tina an und erzählte ihr von der zufälligen Begegnung. Noch am selben Abend beschlossen wir, ein »Biberprojekt« zu starten. Wir wollten unbedingt mehr über diese wunderbaren Tiere in Erfahrung bringen und natürlich auch versuchen, diese zu fotografieren.

Aller Anfang ist schwer

Unser Wissen über Biber war damals, wie schon gesagt, mehr als dürftig. Aber wir begannen fleißig zu recherchieren und informierten uns auf allen Kanälen, denn wir wollten unbedingt mehr über das Verhalten und die Lebensweise der Tiere in Erfahrung bringen. Gleichzeitig starteten wir eine umfangreiche Spurensuche in dem Gebiet, wo mir die Biber zum ersten Mal begegnet waren.

Bald entdeckten wir dann auch einige sanduhrförmig angenagte und gefällte Weiden. Die Äste waren verschwunden, nirgends mehr zu finden. Die Rinde war sorgfältig von den Bäumen abgeschält worden. Die Bissspuren und die großen Holzspäne zeigten, dass hier zweifellos Biber am Werk waren. Leider war aber nirgends eine Biberburg oder ein Biberdamm zu sehen. Lediglich einige handtellergroße Pfotenabdrücke im Schlamm fanden wir nach tagelanger Suche. Von ihrer Größe waren wir durchaus beeindruckt. Die Schwimmhäute zwischen den Zehen waren deutlich zu erkennen.

Das war's dann aber auch schon; mehr als diese dürftigen Ergebnisse brachte unsere ausgedehnte Spurensuche nicht. Es half alles nichts, wir mussten unsere eigenen Erfahrungen machen. Doch wie sollten wir das anfangen? Und wo sollten wir beginnen?

Wir entschieden uns, den Platz meiner ersten Begegnung mit den Bibern als Startpunkt auszuwählen. Damals hatten wir keine Ahnung, wie schwierig und langwierig das Unterfangen werden würde bis zu den ersten wirklich brauchbaren Biberfotos.

Die Gegend, in der die Biberfamilie lebt, ist weit abgelegen. Nur wenige Menschen verirrten sich damals dorthin. Daher waren die Biber die Anwesenheit von Menschen nicht gewohnt. Anfangs sahen wir das als Chance, dort ungestört arbeiten zu können, doch zunächst erwies sich dieser Umstand als eine zusätzliche Herausforderung. Denn leider waren die Biber, die einfach kaum Menschen kannten, ganz besonders scheu, also noch empfindlicher, als man es ihnen ohnehin schon nachsagt.

Doch wir ließen uns nicht beirren. Fast jeden Abend waren wir vor Ort, bewaffnet mit Fernglas und Fotoapparat, allen Rückschlägen zum Trotz. Und Rückschläge gab es mehr als genug; unser Versuch, die Biberfamilie zu beobachten oder gar eine Beziehung zu den Tieren aufzubauen, schien keine Aussicht auf Erfolg zu haben. Zu Anfang (und damit sind nicht Tage oder Wochen gemeint, sondern Monate und Jahre) durften wir uns glücklich schätzen, wenn wir im letzten Abendlicht einen schemenhaften Blick auf einen in 30 Metern Entfernung platschenden Biber erhaschen konnten.

So vergingen zwei wirklich äußerst mühselige Jahre. Bei jeder noch so kleinen Bewegung, sobald der Wind drehte oder wenn irgendein leises (nicht einmal von uns verursachtes) Geräusch zu hören war, zogen sich die Biber sofort zurück und ließen sich meist bis zum Einbruch der Dunkelheit nicht mehr blicken. Von Fotografieren konnte gar keine Rede sein. Damals fotografierten wir noch analog, und so war bei den schlechten Lichtverhältnissen der Einsatz eines Blitzgeräts nicht zu vermeiden. Doch bereits das für uns quasi unhörbare Pfeifen des Blitzgeräts hielt die sensiblen Biber auf Abstand. Ganz zu schweigen von dem lauten mechanischen Geräusch unserer auslösenden Spiegelreflexkamera.

Trotzdem ließen wir uns nicht beirren. Der abendliche Besuch bei den Bibern wurde zur Gewohnheit, auch wenn wir kaum Fortschritte verzeichnen konnten. Aber wir lernten das Gebiet anderweitig sehr zu schätzen. Jeder Tag war anders, und es gab ständig etwas

Neues und Spannendes zu beobachten. Nach einem anstrengenden und ereignisreichen Arbeitstag fanden wir dort unsere Erholung.

Die Mücken machten uns jedoch unheimlich zu schaffen. Zu Hoch-Zeiten umschwärmten uns Tausende Mücken in einer dunklen Wolke. Von den stark riechenden Mückenschutzmitteln waren die Biber natürlich überhaupt nicht angetan. Wild herumzufuchteln, um die Mücken zu verscheuchen oder zu erschlagen, machte die Sache auch nicht besser. So setzten wir im biologischen Selbstversuch auf Abhärtung und stellten fest: So ab dem dreißigsten bis fünfzigsten Mückenstich juckt es fast nicht mehr. Wir entschieden uns für die »harte Tour« in der Hoffnung auf eine Chance, vielleicht einen kurzen Blick auf die Biber zu erhaschen.

Im Laufe der Zeit probierten wir alles Mögliche aus, um einen Kontakt zu den scheuen Tieren herzustellen. Die meisten Methoden erwiesen sich als erfolglos, aber siehe da, beruhigendes und sanftes Ansprechen der Biber zeigte durchaus Wirkung. Na gut, dachten wir uns, Menschen reden mit allen möglichen Haustieren. Warum also sollten wir nicht auch mit »unseren« Bibern reden? Allmählich reagierten sie etwas zutraulicher, und wir konnten sie öfter kurz beobachten. Offenbar hatten sie inzwischen den Eindruck gewonnen, dass von uns keine Gefahr ausgeht. Aber wir waren ihnen immer noch ziemlich suspekt. Sie näherten sich kaum einmal auf weniger als 10 bis 15 Meter und tauchten nur an uns vorbei. Jede Veränderung unsererseits wurde von ihnen als Störung empfunden. So suchten wir uns einen möglichst guten und ruhigen Platz, an dem wir in Zukunft immer saßen. Regelmäßigkeit und Verlässlichkeit sollten uns Erfolg bringen, jedenfalls hofften wir das.

Bald wurde uns klar, welche entscheidende Rolle das Muttertier spielte. Gelegentlich wurden wir von den Jungtieren aus der Ferne neugierig beäugt, was uns natürlich sehr freute. Aber die Vorsicht und das Misstrauen der Mutter uns gegenüber verhinderten einen näheren Kontakt. Als Matriarchin hatte sie die größte Autorität und achtete sehr auf die Sicherheit der Familie. Sie entschied, gab den Ton an und tadelte das unvorsichtige Verhalten der Jungen. Zwar fasste auch sie langsam mehr Vertrauen zu uns, doch sie blieb immer in gebührender Distanz – und damit leider auch der Rest der Familie.

So verstrich das erste Jahr ohne nennenswerte Erfolge. Im zweiten Jahr passierten uns die Biber in der Dämmerung immerhin schon schwimmend und nicht mehr nur tauchend. So gelangen uns die ersten brauchbaren Fotos, zum Beispiel von dem Weibchen, das sich auf der anderen Uferseite ausgiebig putzte oder durch eine seichte Stromschnelle stapfte.

Der Durchbruch

Im Herbst des zweiten Jahres ereignete sich eine dramatische Veränderung im Leben der Biberfamilie. Von einem Tag auf den anderen war das Muttertier, unsere lieb gewonnene »Mutti«, spurlos verschwunden. Es war nicht ungewöhnlich, dass wir einige Biber längere Zeit nicht zu Gesicht bekamen. Vor allem mit der

Ernährungsumstellung im Herbst passierte das immer wieder. So hofften wir wochenlang auf ein Wiedersehen, leider jedoch vergeblich.

Aufgrund ihrer beachtlichen Größe vermuteten wir, dass sie wahrscheinlich an Altersschwäche gestorben war und ein geschätztes Alter von fünfzehn bis zwanzig Jahren – die durchschnittliche Lebenserwartung von wild lebenden Bibern – erreicht hatte. Sie war der größte Biber, den wir bis heute jemals beobachtet haben. Selbst Biber, deren Alter wir mit Sicherheit kennen und die vierzehn Jahre alt sind, haben ihre Größe noch immer nicht erreicht.

Dazu muss man wissen, dass Biber ihr ganzes Leben lang wachsen, mit zunehmendem Alter natürlich immer langsamer. Die maximale Lebenserwartung hängt von vielen Faktoren ab. In freier Wildbahn liegt sie zwischen acht und zwanzig Jahren. In Gefangenschaft können Biber ein Alter von über dreißig Jahren erreichen.

Wir waren besorgt um die Zukunft der Familie, denn Biber leben streng monogam, und der Tod des erfahrenen Muttertiers bedeutete echte Gefahr.

Dann die Überraschung: Im Winter, also im Januar/Februar, zur Paarungszeit der Biber, stellte sich eine Nachfolgerin als Familienoberhaupt ein. Sie war erheblich kleiner, jünger, neugieriger und uns gegenüber deutlich aufgeschlossener als die alte »Chefin«. Bis zum Frühsommer gelang es uns, wesentlich mehr Vertrauen aufzubauen. Einzelne Biber näherten sich uns bis auf wenige Meter; Blitz, Fotoapparat und langsame Bewegungen von uns wurden ohne jede Reaktion toleriert. Endlich gelangen uns auch die ersten wirklich tollen Biberfotos.

Das neue Weibchen war trächtig, und mit großer Spannung erwarteten wir, was uns die neue Bibersaison bescheren würde. Und tatsächlich – nach zwei Jahren sollten unsere intensiven Bemühungen endlich von Erfolg gekrönt sein.

Eine besondere Freundschaft entsteht

Die »Neugiernase«

Mittlerweile war es Juni, und es herrschte reges Treiben und Aktivität im Biberrevier. Wir wussten, dass es Jungtiere geben musste, alles deutete darauf hin, aber wir hatten noch keines beobachten können.

Doch eines Abends, wir waren wie immer vor Ort, geschah plötzlich das, worauf wir so lange gehofft hatten. Zu unserer großen Überraschung erschien plötzlich ein kleiner Biber direkt vor uns. Er war geradezu winzig, er hätte leicht in meiner Hand Platz gefunden. Wir saßen da wie versteinert, wagten kaum zu blinzeln und harrten der Dinge, die nun passieren würden.

Der Knirps hatte uns natürlich entdeckt, kam immer näher und »pirschte« sich minutenlang Zentimeter für Zentimeter in Zeitlupe an uns heran. Es war offensichtlich, dass er uns nicht so recht traute; unzählige Male zögerte er, aber die Neugier überwog. Schließlich beschnupperte er vorsichtig Tinas Bergstiefel, knabberte diesen ganz sachte an, machte einen kleinen Sprung mit einer 180-Grad-Kehrtwende, flüchtete dann sogleich ins Wasser und verschwand. Was für ein Erlebnis, was für eine Freude! Wir konnten unser Glück gar nicht fassen.

Doch damit nicht genug: Das Kerlchen machte am selben Abend noch mehrere Annäherungsversuche und setzte sich zu guter Letzt vor uns am Ufer ins seichte Wasser und beobachtete uns einfach nur.

Endlich war das Eis gebrochen. In den nächsten paar Wochen überschlugen sich die Ereignisse förmlich. Auch die anderen Familienmitglieder aller Altersklassen wurden mutiger, und die Vertrauensbeweise vonseiten der Biber steigerten sich Tag für Tag. Sie schwammen plötzlich mit Weidenästen zu uns, setzten sich direkt vor uns ans Ufer und fraßen diese in aller Ruhe, als wären wir gar nicht da.

Zwei anfängliche Ereignisse jedoch blieben uns sehr gut in Erinnerung. Das Weibchen näherte sich etwas argwöhnisch. Aus der Uferböschung ragten überall Wurzeln heraus. Sie kam immer näher und begann, eine Armeslänge von uns entfernt, störende Wurzeln abzubeißen. Dabei ließ sie uns nicht aus den Augen, starrte uns förmlich an. Wir wussten anfangs gar nicht, wie uns geschieht, und konnten die Situation überhaupt nicht einschätzen. Würde das Weibchen uns angreifen? Konnte das gefährlich werden? Wir hatten keine Ahnung. So ein großer Biber direkt vor uns, das halb geöffnete Maul mit den großen Schneidezähnen, das laute quietschende Geräusch der Wurzeln, die mit messerscharfen Zähnen durchtrennt wurden ... Eine echte Gänsehautsituation, ehrlich gesagt fühlten wir uns ganz und gar nicht wohl dabei. Hatten wir etwas falsch gemacht? War sie uns nicht wohlgesinnt? Wollte sie ihre Jungen verteidigen? Wir hatten derartige Erfahrungen bis dahin noch nicht gemacht, aber ich denke, was wir da zu sehen bekamen, war durchaus eine Art Drohgebärde.

Ein paar Tage später kletterte das Weibchen entschlossen die Uferböschung zu uns hoch, stapfte langsam, aber zielstrebig auf Tina zu und machte dann direkt vor ihr Männchen. Das klingt erst einmal nicht so dramatisch. Aber stellen Sie sich das vor: Sie sitzen auf dem Boden, der Biber watschelt auf Sie zu, setzt sich direkt vor Ihnen ebenfalls auf den Boden, macht unverhofft Männchen, ist plötzlich so groß wie Sie selbst, schaut Ihnen direkt in die Augen, das Maul ist halb geöffnet, die scharfen Zähne kommen bedrohlich nahe, der Kopf ist so groß wie der eines Schäferhundes, und er fängt an, Sie intensiv zu beschnüffeln, weil er wissen will, mit wem er es zu tun hat.

Wieder stockte uns der Atem. Wir hielten still, vermieden jede Bewegung, schwitzten gehörig, und erst nach einer gefühlten Ewigkeit war es vorbei: Die Bibermutter drehte sich um, ging zurück ins Wasser, tauchte ab und verschwand.

Heute wissen wir: Die Situation war vollkommen harmlos, das Weibchen hatte überhaupt keine bösen Absichten, sie war nur neugierig. Aber natürlich hatte sie uns mit ihrem Verhalten und der direkten Art der Kontaktaufnahme völlig überrumpelt. Von da an ging alles sehr rasch. Sie wurde schneller zutraulich, als uns manchmal lieb war. Es dauerte eine ganze Weile, bis sich unsere Aufregung und Nervosität gelegt hatte. Aber dieses Weibchen hat uns tief und nachhaltig beeindruckt.

Zu unserer großen Freude wurde unser täglicher Treffpunkt von den kleinen Bibern zum Spielplatz auserkoren. Manchmal kamen sie gemeinsam mit den älteren Geschwistern, manchmal auch allein. Aber sie besuchten uns fast täglich, fühlten sich in unserer Nähe offensichtlich wohl und suchten immer öfter den direkten Kontakt zu uns.

Das gegenseitige Vertrauen wuchs von Tag zu Tag. Endlich wurde unsere Geduld belohnt, und es war ein Riesenspaß, die Abende mit der Biberfamilie zu verbringen. Jeder Tag brachte neue Überraschungen, es gab so viel Neues zu entdecken, zu beobachten und zu lernen! Unsere Eindrücke und Gefühle kann man schwer in Worte fassen oder auch nur versuchen zu beschreiben, eigentlich muss man es selbst erlebt haben, »Biber ehrenhalber« sein zu dürfen.

Wenn die Biber satt waren, fingen sie sogar gelegentlich an, sich selbst oder einen der anderen direkt neben uns zu putzen. Dabei drehten sie uns manchmal sogar den Rücken zu: ein Zeichen absoluten Vertrauens.

Endlich akzeptiert – nichts ist mehr vor den Bibern sicher

Dass unsere Beziehung jemals so weit gehen würde, hätten wir uns nie träumen lassen. Jetzt waren wir endlich in der Lage, einzigartige Erfahrungen und Erlebnisse zu sammeln, von den Bildern ganz zu schweigen. Doch damit trat ein neues Problem auf, mit dem wir nicht gerechnet hatten: Die Biber waren jetzt meist viel zu nah, wir konnten oft gar nicht mehr scharf stellen! Also ließen wir die Teleobjektive daheim. Weitwinkel- und sogar Makroobjektiv waren ab jetzt die bessere Wahl.

Doch vor den Rabauken war nichts mehr sicher. Nicht nur, dass wir ständig irgendwelche schmutzig nassen Nasen- und Pfotenabdrücke auf den Linsen oder Kameras hatten und mit dem Putzen kaum mehr hinterherkamen – auch die Sonnenblenden wurden gerne mal angeknabbert. So statteten wir alle Objektive mit Schutzfiltern als Verschleißartikel aus. Regelmäßig mussten wir aber auch die Ausrüstung in Sicherheit bringen, weil wir der Lage sonst nicht mehr Herr wurden.

Kleine Biber sind in den ersten Monaten ihres Lebens unheimlich neugierig und verspielt, wie alle jungen Säugetiere. Alles wird beschnüffelt, angetatscht, gestupst, untersucht und meist auch angeknabbert. Natürlich waren wir davon nicht ausgenommen. Am meisten litten darunter Schuhbänder, Handschuhe, Jacken und Hosen. Und mit zunehmendem Alter der Jungbiber wird dann aus dem Knabbern auch mal ein Durchlöchern.

Vor allem die Wathose hat es ihnen angetan. In dem Gewusel verliert man schnell den Überblick, vor allem, wenn man im Wasser sitzt. Auf das Schnuppern folgt schnell das probeweise Reinbeißen, und schon ist es passiert. Wenn es dann plötzlich schlagartig nass und kalt wird, ist es mal wieder so weit; also schnell raus aus dem Wasser, bevor die Hose vollläuft und man fast nicht mehr rausklettern kann. Wir müssen unsere Wathosen mehrmals im Jahr flicken, wenn sich daran eine Neugiernase zu schaffen gemacht hat. Das Ganze ist natürlich nicht böse gemeint, sondern einfach Neugierde und Spieltrieb. So sitzen wir am Ende doch wieder mit einem Lächeln da, denn den liebenswerten Kerlchen kann man einfach nicht böse sein.

Damit sich der Schaden in Grenzen hält, haben wir ziemlich schnell Abstand von überteuerter Outdoor-Bekleidung genommen. Nur ein einziges Mal konnten wir einen größeren Schaden nicht vermeiden. Ich hatte in tagelanger Arbeit eine spezielle kleine Fingerkamera unterwassertauglich gemacht, mit dem Ziel, ein paar interessante Aufnahmen zu bekommen. Der eigentliche Rekorder befand sich in einer wasserdichten Box, und die kleine Kamera war mit einem Kabel zur Box hin verbunden. Mit einfachen Hantelscheiben »versenkten« wir die Box dann in ca. einem Meter Tiefe.

In diesem Jahr gab es leider nur einen Jungbiber (Spitzname »Kleiner«) und dem war immer schrecklich langweilig.

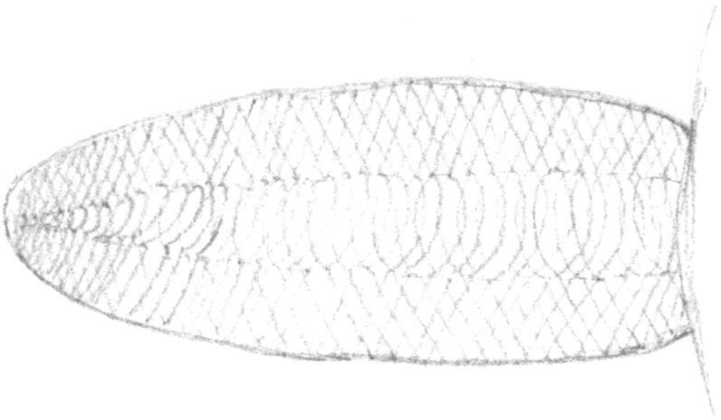

Die Kelle des Jungbibers namens »Kleiner« war absolut perfekt.

Es fehlten ihm einfach die gleichaltrigen Geschwister. Er schwamm oft hin und her, immer auf der Suche nach einem Abenteuer. Ältere Geschwister nervte er so lange, bis sie mitspielten oder wegschwammen. Und es kam, wie es kommen musste: Er tauchte umher und stieß zufällig gegen unsere Unterwasserkamera. Die war natürlich ausgesprochen interessant. Vom Ufer aus sah es ja noch ganz lustig aus, wie er gegen die Strömung kämpfte, um sie zu erreichen. Tina konnte sich vor Lachen kaum halten. So war sein Hinterfuß auch das Letzte, was auf dem Video zu sehen war. Dann wurde die Aufnahme schwarz: Er hatte das Kabel zwischen Kamera und Rekorder durchgebissen. Zu verhindern wäre es eh nicht mehr gewesen. Unter Wasser hätte er unser Schimpfen nicht gehört, und die Kamera hätten wir nicht mehr in Sicherheit bringen können. Über die offenen Kabelenden waren Rekorder und Kamera mit Wasser vollgelaufen. Eine Reparatur war leider nicht mehr möglich. Abgesehen von der ganzen Arbeit entstand ein Schaden von ca. 500 Euro. Aber so ist das: Mit etwas Schwund am Material muss man in der Tierfotografie einfach rechnen.

Nun gut, aus Schaden wird man ja bekanntlich klug. Seitdem werden alle unsere Unterwassersysteme bibersicher und bissfest gemacht. Alle Kabel werden mit Stahl-Bissschutzmänteln versehen.

Doch die Geschichte ist noch nicht ganz zu Ende. Denn seit dem Anschlag auf unsere Kamera hat der kleine Bandit nahezu täglich an der gleichen Stelle mit einem gezielten Tauchgang kontrolliert, ob dort vielleicht wieder eines unserer interessanten »Spielobjekte« platziert wurde. Eine echt faszinierende Verhaltensweise.

Eine andere Kamera wurde ebenfalls sabotiert. Ich hatte sie mit einer 10-Kilo-Hantelscheibe versenkt und unbeobachtet für ein paar Stunden außerhalb meines Sichtbereiches laufen lassen. Als ich dann zurückkam, war die Überraschung groß: Sie war spurlos verschwunden. Ich konnte es nicht fassen, wer hätte die Kamera denn entdecken sollen? Vom Ufer aus war sie nicht erkennbar. Personen waren in der Zeit auch nicht vor Ort, also machte ich mich ernsthaft auf die Suche. Nach einer halben Stunde fand ich die Kamera unversehrt, und zwar an einem Ort, mit dem ich wirklich nicht gerechnet hatte:

auf der etwa 20 Meter entfernten Biberburg. Doch wer hatte sie dorthin verschleppt? Man konnte noch eine nasse Biberspur vom und zum Wasser erkennen, aber ich war davon überzeugt, dass die Ausrüstung viel zu schwer für einen Biber war. Wie sollte er das denn geschafft haben? Im Wasser verschieben, okay, aber raustragen und auf die Burg stellen? Niemals!

Nach Sichtung des Filmmaterials wurde ich eines Besseren belehrt. Ein großer Biber war beim Tauchen gegen meine Kamera gestoßen. Danach war minutenlang außer Schlammwolken und einem schemenhaften dunklen Tier im trüben Wasser nicht viel zu erkennen. Plötzlich war die Kamera dann außerhalb des Wassers, und ich konnte einen unserer erwachsenen Biber als Täter überführen. Schieben konnte er die Ausrüstung nicht, dazu war sie zu schwer. Also hob er die Hantelscheibe inklusive Kamera mit seinen Vorderpfoten hoch, stellte sich auf die Hinterbeine und wuchtete so die Ausrüstung immer wieder ein paar Zentimeter weiter, raus aus dem Wasser, auf die Burg. Ich hätte so etwas niemals für möglich gehalten. Von amerikanischen Bibern ist bekannt, dass sie auch Steine als Baumaterial verwenden, aber bei europäischen Bibern kennt man dieses Verhalten eigentlich nicht.

Erstaunlich, wozu die Kerlchen fähig sind. Meine Kamera stand wohl plötzlich im Weg und störte den Biber so sehr, dass er beschloss, das Hindernis dauerhaft aus dem Weg zu räumen. Es ist schon faszinierend, mit welchem Einfallsreichtum und Engagement unsere tierischen Baumeister ihre Umwelt aktiv gestalten. Auch wir hatten wieder eine Lektion gelernt: Wir lassen unsere Ausrüstung seitdem nicht mehr unbeobachtet irgendwo stehen.

Biberwissen aus erster Hand

Haben wir Ihr Interesse geweckt am heimlichen Leben der Biber? Dann finden Sie in diesem Kapitel geballtes »Biberwissen« aus der Biologie, ergänzt und gewürzt mit unseren eigenen Beobachtungen.

Der Körper des Bibers – perfekt ans Wasser angepasst

Der Biber hat sich als sogenanntes semiaquatisches Tier perfekt an den Lebensraum Wasser angepasst, obwohl er selten mehr als drei bis vier Stunden täglich im Wasser verbringt. Doch die entscheidenden Dinge in einem Biberleben finden nun mal im Wasser statt: Biber suchen im Wasser Schutz, paaren sich im Wasser und erschließen sich ihre Nahrungsquellen über die Wasserwege. Entsprechend sehen ihre körperlichen Fähigkeiten aus: Sie können sehr gut schwimmen und tauchen, steile Ufer kletternd erklimmen, große Bäume fällen, deren Äste verwerten (Rinde, Blätter, Knospen) und abtransportieren, Dämme sowie Biberburgen bauen und natürlich auch Biberröhren und Erd- bzw. Mittelburgen graben. Insgesamt zeigen sie eine extreme Spezialisierung, einzigartig unter den Säugetieren.

Die Gestalt des Bibers ist stromlinienförmig, um den Energieverbrauch beim Schwimmen zu reduzieren. Der kompakte Körperbau minimiert Wärmeverluste durch ein sehr gutes Verhältnis von Körperoberfläche zu Körpervolumen. Für Aktivitäten an Land ist der Biber zwar weniger gut ausgestattet, jedoch werden seine sehr wohl existierenden Fähigkeiten – kurze schnelle Sprints an Land, »Bocksprünge« ins Wasser bzw. zum Ausführen von 180-Grad-Kehrtwendungen oder das Erklimmen von Steilufern unterschätzt bzw. meist gar nicht erst erwähnt. Biber sind sogar in der Lage, Bäume bis in eine Höhe von ca. einem bis anderthalb Metern hochzuklettern, wenn diese eine gewisse Stärke haben und schräg gewachsen sind.

Geschickte Hände – die Vorderpfoten

Bei den Bibern macht es wirklich mehr Sinn, von Händen und nicht von Pfoten o. Ä. zu sprechen. Die Hände besitzen fünf Finger, die unglaublich feinfühlig und geschickt eingesetzt werden. Biber können große und kleine, leichte und schwere Gegenstände mühelos greifen. Der einzige Unterschied zur menschlichen Hand besteht darin, dass der Daumen nicht wie bei uns gegengelagert ist. Zu beobachten, mit welch einer ausgefeilten Feinmotorik junge und alte Biber ihre Hände verwenden, hat uns von Anfang an fasziniert.

Die Hände werden nicht wie die Füße als Paddel beim Schwimmen oder Tauchen eingesetzt, und sie haben auch keine Schwimmhäute. Biber setzen ihre Hände genauso ein wie wir; es ist wirklich faszinierend, dies zu beobachten.

Die Hände sind mit relativ langen Krallen ausgestattet, die beeindruckend aussehen. Sie sind eher weich und elastisch und hervorragend zum Graben geeignet.

Kräftige Füße – die Hinterpfoten

Die Füße sind wesentlich größer als die Hände. Bei einem erwachsenen Biber sind sie etwa handtellergroß. Sie sind auch sehr kräftig und werden als Paddel zum Schwimmen und Tauchen eingesetzt.

Gut zu erkennen sind die Schwimmhäute zwischen den Zehen. Eine Besonderheit ist die zweite Kralle, die gespalten ist und den Bibern als Putzkralle dient. Mit ihr durchkämmen sie die dichte Unterwolle zur Fellpflege wie mit einem Kamm. An Körperstellen, die die Biber selber nicht erreichen können, helfen ihnen dann die Familienmitglieder weiter.

Biber sind übrigens ohne Weiteres in der Lage, sich aufrecht auf die Hinterbeine zu stellen und »Männchen« zu machen. Das ist vor allem am Ufer oder im Wasser zur Nahrungsaufnahme notwendig, um z. B. Äste oder Gehölze erreichen zu können.

Die Kelle

Die Kelle ist vielleicht das auffälligste Körperteil der Biber. Sie ist flach, unbehaart und fühlt sich mit ihren kleinen Hautplättchen rau und lederartig an.

Die Kelle dient als Gegengewicht beim Balancieren und verhindert das Umfallen, wenn der Biber auf den Füßen steht, um sich z. B. nach einem Ast zu strecken. Sie ist aber auch eine praktische Stütze beim Stehen, und sie dient beim Schwimmen und Tauchen als Ruder und zum schnellen Abtauchen. Sehr wichtig ist die Kelle auch zur Kommunikation unter den Tieren: Bei Gefahr warnen sie die übrigen Familienmitglieder durch lautes Platschen mit der Kelle auf die Wasseroberfläche.

Doch das ist noch längst nicht alles. Für den Winter werden in der Kelle auch Fettreserven eingelagert, und selbst die Regulation der Körpertemperatur (Abkühlung) findet teilweise über die Kelle statt.

Das Fell

Das Fell ist eine der Besonderheiten, deretwegen die Biber nahezu ausgerottet wurden. Es ist extrem dicht und warm – auch dies eine Anpassung an den Lebensraum Wasser. Das Fell besteht aus den langen oberen Grannenhaaren und der dichten Unterwolle. Diese ist normalerweise nicht sichtbar und wird von den Deckhaaren überlagert.

Auf der Bauchunterseite ist das Fell am dichtesten, auf dem Rücken am wenigsten dicht aufgrund der notwendigen Temperaturregulierung (Abkühlung). Ein

Biber hat pro Quadratzentimeter bis zu 23 000 Haare, also mehr, als ein Mensch Haare auf dem ganzen Kopf hat!

Eine solche Pracht muss natürlich gut in Ordnung gehalten werden, und so verbringen die Biber sehr viel Zeit mit der Fellpflege. Das ist vor allem notwendig, damit das Fell nicht durchnässt. Mit einem speziellen Analsekret, einer öligen Flüssigkeit (nicht zu verwechseln mit dem Bibergeil), wird das Fell wasserabweisend gemacht. Dazu reiben die Biber das Fell mit dem Öl ein. An Körperstellen, an denen die Tiere selbst nicht hinkommen, z. B. dem Rücken, helfen sich die Familienmitglieder gegenseitig. Die Fellpflege hat also auch eine wichtige soziale Funktion.

Ein gut gepflegtes Fell hält nicht nur trocken, sondern auch warm. Das wird durch zwei unterschiedliche Haararten erreicht, die Grannenhaare und die Unterwolle. Die langen Grannenhaare sind an der Spitze verbreitert und legen sich beim Schwimmen und Tauchen wie Dachziegel übereinander. So kann nur sehr wenig Feuchtigkeit bis zur Unterwolle durchdringen.

Die Unterwolle selbst ist sehr dicht und stark gewellt, fast daunenartig. Durch diese besondere Haarstruktur wird viel Luft eingeschlossen, die den Biber vor dem Auskühlen schützt. Das ist auch unbedingt nötig, denn Wasser leitet die Wärme um etwa den Faktor 800 besser als Luft, daher ist der Wärmeverlust der Biber im Wasser entsprechend groß.

Außer dem Fell tragen noch die dicken Fettschichten (die an der Bauchunterseite bis zu 20 Millimeter stark sein können) zu einer Verringerung des Wärmeverlusts im Wasser bei.

Die Zähne

Die Zähne sind eine herausragende Besonderheit bei den Bibern. Wie bei allen Nagetieren hören sie nie auf zu wachsen und schärfen sich ständig nach. Zum Zerkleinern der schwer verdaulichen Nahrung sind Biber auch noch mit Backenzähnen ausgestattet.

Die Nagezähne sind bei erwachsenen Tieren wirklich scharf wie ein Rasiermesser. Sie werden gebraucht, um große und kleine Bäume zu fällen, das Holz in transportable Längen zu zerteilen und die Rinde der Äste abnagen zu können. Die orange-gelbe Färbung der Zähne rührt übrigens nicht von schlechter Zahnhygiene her, sondern von einer weiteren Besonderheit: Der Zahnschmelz auf der Zahnvorderseite enthält Eisenoxid und ist deshalb besonders hart; daher die Färbung. Der Zahnschmelz auf der Zahninnenseite ist nicht so hart (und auch nicht orange verfärbt). So schärfen sich die sich überlagernden Zähne ständig nach, weil der harte vordere Zahnschmelz der unteren Nagezähne den weicheren inneren Zahnschmelz der oberen Zähne abschleift.

Was den Kieferdruck angeht, so erreichen Biber etwa die sechsfache Kraft verglichen mit einem Menschen. Sie brauchen diesen Druck für die Zerkleinerung der extrem zähen Baumrinden und Borken.

Doch die Zähne dienen nicht nur der Nahrungsaufnahme. Sie sind auch eine echte Waffe, und dessen sind sich die Tiere absolut bewusst. Deshalb werden die Nagezähne nur in Ausnahmesituationen eingesetzt, z. B., wenn die Tiere in die Enge getrieben werden, sich bedroht fühlen, ihre Jungtiere verteidigen müssen oder bei

Revierkämpfen mit anderen Bibern. Ansonsten sind die Tiere äußerst friedliebend.

Biber können extrem feinfühlig mit ihren Zähnen agieren, sodass auch bei der Fellpflege o. Ä. niemand verletzt wird oder zu Schaden kommt. Dazu später mehr.

Gut geschärfte Sinne

Nicht nur der äußere Körperbau, auch die Sinne der Biber sind optimal an das semiaquatische Leben angepasst. Augen, Ohren und Nase liegen beim Schwimmen nur ganz knapp über der Wasseroberfläche und können auch verschlossen bzw. geschützt werden.

Bezüglich der Bedeutung/Empfindlichkeit der Sinne ergibt sich folgende Reihenfolge:

- Geruchssinn
- Hörsinn
- Tastsinn
- Sehsinn

Empfindliche Nasen

Der Geruchssinn ist der empfindlichste Sinn der Biber. Beim Tauchen können die Nasenlöcher verschlossen werden, damit kein Wasser eindringen kann. Die Nase ist relativ stark behaart.

Ihren außerordentlich stark entwickelten Geruchssinn brauchen die Biber, um etwaige Feinde oder auch fremde Biber im eigenen Revier rechtzeitig zu entdecken.

Auch für die Partnersuche ist der Geruchssinn von entscheidender Bedeutung. Vor allem aber benötigen die Biber ihren Geruchssinn, um gute und ergiebige Nahrungsvorkommen zu finden.

Bei unseren Beobachtungen staunen wir immer wieder darüber, wie außerordentlich empfindsam der Geruchssinn der Biber ist. Wenn ein Tier oder ein Mensch in ihr Revier eindringt, nehmen sie seine Witterung auf, lange bevor wir etwas wahrnehmen.

Die Ohren – klein, aber oho

Das zweitwichtigste Sinnesorgan der Biber sind die Ohren. Obwohl die Ohrmuscheln relativ klein sind, ist das Gehör der Biber überaus empfindlich und dem des Menschen bei Weitem überlegen. Schon auf kleinste Geräusche oder Störungen reagieren die Tiere, indem sie abtauchen oder sich verstecken. Im Herbst reicht bereits eine kleine Waldmaus in einer Entfernung von etwa 20 bis 30 Metern, die im Laub raschelt – schon sind die Biber weg.

Die Ohren können beim Tauchvorgang durch einen speziellen Muskel verschlossen werden. So wird verhindert, dass Wasser in den empfindlichen Gehörgang eindringen kann. Die maximale Hörempfindlichkeit liegt in etwa bei 1kHz, also der Frequenz, die am lautesten ist, wenn z. B. der Biberdamm undicht wird und das Wasser überläuft. Die Biber sind also in der Lage, undichte Stellen im Biberdamm besonders gut zu hören, um diese dann abzudichten.

Tasthaare helfen bei der Orientierung

Die Tasthaare (Vibrissen) im Bereich der Schnauze sind lang, borstig und sehr empfindlich. Wie beispielsweise bei Hunden und Katzen steckt jedes dieser Tasthaare in einem speziellen Haarbalg, der mit zahlreichen Nervenenden verbunden ist. Diese reagieren auf Druckveränderungen, sodass die Tasthaare den Tieren helfen, sich auch bei absoluter Dunkelheit oder auch z. B. unter Wasser sicher zu bewegen.

Dieser Tastsinn ist bei den Bibern außerordentlich empfindlich und gut ausgeprägt. Gelegentlich sind die Tasthaare stark unterschiedlich gefärbt, was uns bei der Identifizierung der Tiere natürlich sehr entgegenkommt.

Der Sehsinn

Für ein nachtaktives Tier sind die Augen des Bibers relativ schwach entwickelt. »Schwach« bedeutet in diesem Zusammenhang, dass die Sehleistung nicht mit der einer Katze oder Eule verglichen werden kann, da die lichtreflektierende Schicht auf der Netzhaut fehlt. Außerdem können Biber nicht in Farbe, sondern nur schwarz-weiß sehen.

Verglichen mit den übrigen Sinnen der Biber ist der Sehsinn am schlechtesten ausgeprägt. Was das Bewegungssehen angeht, dürfte er etwa mit dem des Menschen vergleichbar sein. Das heißt, auch bei Nacht nehmen die Tiere noch Bewegungen wahr.

Unter Wasser werden die empfindlichen Augen durch eine transparente Nickhaut geschützt. Ansonsten sind die Augen relativ klein, und der Sehbereich überlappt nach vorne hin nur in einem kleinen Bereich von etwa 60 Grad. Nur in diesem Bereich ist der Biber in der Lage, dreidimensional zu sehen.

Baumfällungen

Berühmt ist die Fähigkeit der Biber, Bäume zu fällen. Nachdem Biber nicht hoch klettern können, ist dies ihre einzige Möglichkeit, an Knospen, Blätter, Triebe und die zarten Teile der Rinde zu gelangen. Meist geschieht das Fällen vom späten Herbst bis in den Dezember oder Januar, also in der Jahreszeit, wenn keine andere pflanzliche Nahrung zur Verfügung steht.

Die meisten Bäume, die von den Bibern gefällt werden, haben einen Durchmesser von etwa maximal 15 Zentimetern. Biber sind durchaus auch in der Lage, Bäume mit einem Durchmesser von 60 bis 80 Zentimetern durchzunagen, das sind dann jedoch »Projekte« für mehrere Nächte oder gar Wochen. Manchmal werden diese Bäume auch nur angenagt und nicht gefällt. Das Fällen übernimmt irgendwann der Wind, die Biber müssen also nur abwarten.

Man könnte sagen, dass die Biber eine Art »Plantagenwirtschaft« betreiben. Die Bäume und Pflanzen wehren sich nämlich gegen den Verbiss durch ein vermehrtes Einlagern von Gerbstoffen, was dazu führt, dass die Biber sie für die nächsten zwei bis drei Jahre in Ruhe lassen – sie schmecken einfach nicht mehr, und das erkennen die Biber bereits am Geruch. Sie zerstören also niemals ihre eigene Lebensgrundlage.

Wenn die Nahrungsvorräte im näheren Umkreis nicht

mehr ausreichen, werden innerhalb des Reviers neue Nahrungsquellen erschlossen.

Baumfällungen finden übrigens zu mehr als 90 Prozent nur in einem etwa 10 Meter breiten Uferstreifen statt. Inzwischen wurde in ganz Deutschland ein Schutz dieser Uferstreifen (in denen also keine landwirtschaftliche Nutzung stattfinden darf) gesetzlich festgeschrieben – zuletzt auch in Bayern.

Population

Neue Reviere werden von Jungtieren erschlossen, die sich im Alter von zwei Jahren auf die Suche nach einem eigenen Revier machen müssen – dann werden sie in den meisten Fällen von den Alttieren aus dem Revier der Eltern vertrieben. Häufig folgen die Jungtiere auf ihrer Reviersuche den Fließgewässern flussaufwärts in der Hoffnung, noch ein freies Gebiet zu finden. Viele Jungtiere überleben diese Reise nicht. Ihre Chancen hängen unter anderem davon ab, wie groß der Populationsdruck in dem Gebiet durch andere Biber ist. Bei der Suche nach einem eigenen Revier werden Entfernungen von wenigen Kilometern bis normalerweise 10 bis 20 Kilometern, maximal jedoch 40 bis 50 Kilometer zurückgelegt. Der neue Lebensmittelpunkt der Biber kann also recht weit vom elterlichen Revier entfernt sein. Aus den USA sind Wanderungen von bis zu knapp 400 Kilometern bekannt. Weite Wanderungen über Land werden aber normalerweise vermieden.

Sind schon alle Habitate in der Nähe durch Biber erschlossen, stehen die Überlebenschancen natürlich deutlich schlechter, als wenn nur wenige Biber in der Nachbarschaft leben.

Die Population wird durch die Qualität und Anzahl der verfügbaren Reviere, das Nahrungsvorkommen sowie die Zu- und Abgänge (Wanderungen, Geburten und Todesfälle) geregelt und pendelt sich dann auf einem konstanten Niveau deutlich unterhalb des Populationsmaximums ein.

Lebenserwartung

Die Lebenserwartung wild lebender Biber hängt von vielen Begleitumständen ab. Ihre mittlere statistische Lebenserwartung liegt bei etwa acht Jahren, doch diese relativ niedrige Zahl ist vor allem der hohen Sterblichkeit der Jungtiere geschuldet.

Das maximale Alter eines in freier Wildbahn lebenden Bibers liegt bei etwa zwanzig Jahren. In Gefangenschaft, also in Zoos und Wildparks, können Biber durchaus auch dreißig Jahre alt oder noch etwas älter werden.

Todesursachen

Bei den Jungtieren ist die häufigste Todesursache das Ertrinken. Gerade im späten Frühjahr und Frühsommer, wenn Starkregen oder Schneeschmelze zu Hochwasser führen, sind die Jungtiere noch zu schwach, um den Bau tauchend verlassen zu können. Ihr Fell sorgt für einen starken Auftrieb, dem sie mit ihren geringen Kräften noch nichts entgegensetzen können.

Weil es die Familie oft nicht schafft, die Kleinen aus dem Bau in einen speziellen Hochwasserbau zu evakuieren, ertrinken viele Jungbiber. Es gibt Jahre, in denen ganze Würfe ertrinken.

Weitere natürliche Feinde der Jungbiber sind Raubfische wie Waller und Hecht, Greifvögel wie der Uhu und der Seeadler, aber auch der Fuchs. Sie alle können einem gesunden erwachsenen Biber nichts anhaben, einem Jungtier aber durchaus gefährlich werden.

Es gibt auch einige Krankheiten und Parasiten, denen Biber zum Opfer fallen, z. B. Atemwegserkrankungen, Darmerkrankungen, Tuberkulose usw. In Summe sind diese Faktoren für etwa 20 bis 30 Prozent der Todesfälle bei Bibern verantwortlich.

Der größte Feind des Bibers ist jedoch abgesehen von den Bibern selbst – Sie ahnen es – der Mensch. Vor allem der Straßenverkehr ist für 40 bis 60 Prozent der Todesfälle verantwortlich. Die Tiere kommen meist beim Überqueren von Straßen ums Leben.

Baumeister Biber

Kein Wunder, dass eine große Baumarktkette einst den Biber zu ihrem Wappentier erkoren hat. Denn es stimmt – Biber sind große Baumeister. Allerdings anders, als viele Menschen glauben. Die klassischen »Bilderbuch-Biberburgen« sind in unseren Breiten nämlich eher die Ausnahme, es handelt sich hierbei um die seltenste Biberbehausung bei uns.

Biberburgen

So eine Burg ist letztlich nichts anderes als ein loser, aus verkeilten Ästen bestehender Haufen, häufig mit Lehm abgedichtet. Etwa in der Mitte der Burg befindet sich der Biberkessel: eine Kammer, in der die Biberfamilie lebt. Der Eingang zu dieser Kammer liegt immer unter Wasser. Die Biber müssen also durch eine Art »Siphon« hinein- bzw. heraustauchen. Das verhindert nicht zuletzt das Eindringen von ungebetenen Besuchern und Feinden.

Die zweithäufigste Biberbehausung ist die sogenannte Mittelburg oder Halbburg. Der Eingang zu der Burg befindet sich natürlich wieder unter Wasser und ist normalerweise nicht zu sehen. Am Ende eines kurzen Ganges, der nach oben führt, befindet sich wieder der Biberkessel. Senkt sich das Erdreich über dem Kessel bzw. wird zu dünn, dann verstärken die Biber diesen Kessel oft in der Art, dass Äste abgelagert werden und die Burg mit Schlamm abgedichtet wird. Die Burg ist dann von außen als solche zu erkennen.

Die häufigste Biberbehausung ist aber unsichtbar: die Erdburg. Sie ist eigentlich eine Mittelburg, nur dass sie in diesem Fall nicht von außen mit Ästen und Schlamm verstärkt ist; daher der Name. Gelegentlich kann man die Erdburg an einer Absenkung am Ufer erkennen, die auf einen Hohlraum darunter hindeutet.

Wie auch immer die Burg aussieht: Sie ist in jedem Fall der Mittelpunkt im Leben einer Biberfamilie. Pro Revier kann es drei bis vier solche Burgen geben. In Abständen von etwa 50 bis 100 Metern befinden sich häufig noch sogenannte Biberröhren. Sie sind teilweise von außen zu erkennen und dienen lediglich als Fluchtort bzw. um dort geschützt fressen zu können. Biberröhren haben keine Biberkessel und sind nur zu 30 Prozent mit Wasser gefüllt.

Biberdämme

Ein weiteres wichtiges Produkt der Biber-Bautätigkeit sind die Dämme. Das sind imposante Bauwerke, oft nur wenige Meter lang und ein bis drei Meter hoch. Meist werden damit kleine Bäche aufgestaut, sodass teils beeindruckende Biberteiche entstehen.

Aber warum stauen die Biber das Wasser auf? Hauptsächlich deshalb, weil sie sehr scheu sind und sich im tieferen Wasser deutlich besser »aus dem Staub machen« können, indem sie abtauchen und wegschwimmen. Außerdem ist es für potenzielle Feinde viel schwieriger, einen Biber im tieferen Wasser zu erwischen. Solange er schwimmt, haben sie vielleicht noch eine Chance; wenn er taucht, ist er klar im Vorteil.

Im Alltag geht es aber auch um das Erschließen von Nahrungsvorkommen und deren Abtransport. Denn es ist für den Biber viel leichter, Äste eines gefällten Baumes oder komplette kleine Bäume im tieferen Wasser abzutransportieren, als diese womöglich über weite Strecken über Land schleppen zu müssen.

Biber bevorzugen es nun mal, sich schwimmend fortzubewegen. Um nicht an Land zu Fuß unterwegs sein zu müssen, nehmen sie sogar deutlich weitere Wege in Kauf.

Ein weiterer Faktor ist das Nahrungsfloß, also die Äste, die sich die Biber ab dem späten Herbst als Wintervorrat einlagern. Im tieferen Wasser bleiben die Äste frisch, vertrocknen nicht und sind vor allem auch bei zugefrorenem Gewässer für die Biber erreichbar.

Übrigens bauen die Biber nur dann ihre Dämme, wenn das vorhandene Gewässer zu klein und zu seicht ist. Biber, die in stehenden Gewässern mit ausreichend hohem Wasserstand leben, sowie Biber, die in schnell fließenden, hochwassergefährdeten Gewässern leben, wo ein Biberdamm nur von kurzer Dauer wäre, verzichten aus naheliegenden Gründen auf den Bau von Dämmen.

Biberteiche sind für den Natur- und Artenschutz von großer Bedeutung.

Begabte Kletterer

Man traut es Bibern nicht so recht zu, aber sie können außerordentlich gut klettern. Wie schon erwähnt ist eine steile, rutschige Uferböschung mit einem Steigungswinkel bis zu 80 Grad überhaupt kein Problem. Vorder- und Hinterpfoten sind ja mit langen, stabilen und beeindruckenden Krallen ausgestattet. Diese sehen übrigens wesentlich bedrohlicher aus, als sie sind, denn sie sind immer etwas weich. Etwa vergleichbar mit unseren Fingernägeln, wenn wir zu lange in der Badewanne gesessen sind.

Die Krallen der Hinterbeine werden von den Bibern wie die Frontzacken von Steigeisen verwendet. Sie stellen sich tatsächlich quasi auf die Zehenspitzen und versuchen unter Zuhilfenahme ihrer Krallen an den Händen, die Uferböschung hochzuklettern. Das klappt erstaunlich gut und schnell. So entstehen dann auch im Laufe der Zeit die Bibergeschleife an den Gewässerufern. Durch häufiges Klettern unter Einsatz der Krallen wird Erde abgetragen, und dabei bilden sich tiefe Gräben. Wer an Bibergewässern spazieren geht, kann diese Gräben gut sehen – für die meisten sind sie neben den kegelförmig abgenagten Ästen und Baumstämmen das Einzige, was sie jemals von den Bibern zu sehen bekommen.

Einer unserer Jungbiber war ein ausgesprochener Klettermaxe. Steile Uferböschungen fand er, warum auch immer, sehr aufregend und spannend. Er hätte über ein relativ flaches Bibergeschleife zu uns ans Ufer heraufklettern können, zog aber den steilen Kletterpfad vor. Oben angekommen, lugte er vorsichtig über die Kante und sondierte die Lage, bevor er hinüberkletterte. Dort war er oft kaum zu sehen, denn das Kerlchen kam ja von einer für uns völlig unerwarteten Stelle, und so beobachtete er uns oft lange Zeit, bevor wir ihn entdeckten. Auf den ersten Blick sah es so aus, als würde er uns auflauern. Erst durch gutes Zureden und wenn er den Eindruck hatte, alles sei in Ordnung, kletterte er über die Kante, kam zu uns und ließ sich ein wenig streicheln.

Auch das Balancieren muss erlernt werden, meist auf irgendeinem Baum, der im Wasser liegt. So ein Platz gehörte irgendwann zu den Lieblingsplätzen »unserer« Biber: den Hintern im Wasser und bei Gefahr gleich abtauchen zu können, das ist für einen Biber einfach optimal. Doch die Jungtiere hatten damit ihre liebe Mühe. War es mit dem Gleichgewicht beim Putzen schon schwierig, so waren die ersten Versuche beim Balancieren kaum mit anzusehen. Es will einfach nicht funktionieren: Entweder kommen sie den rutschigen Baum nicht rauf, oder falls doch, ist es nur eine Frage von Sekunden, bis sie wieder ins Wasser purzeln. Zur Not hilft ein verspielter Artgenosse und schubst. Aber irgendwann ist es dann so weit, und sie können sogar auf den Hinterbeinen stehend auf dem Baum balancieren. Diese Technik benötigen sie, wenn sie später mal am Ufer ein paar Kräuter naschen oder Ästchen abbeißen wollen.

Auch die Stiefel der Wathose sind in dieser Entwicklungsphase äußerst beliebt. Irgendwann entdecken die Kleinen nämlich, dass man darauf ganz toll sitzen kann, wenn die Stiefel nur wenige Zentimeter unter der Wasseroberfläche sind.

Schon nach ein paar Tagen lässt die Bibermutter regelmäßig die Jungen in unserer Obhut, um sich auf der anderen Uferseite ausgiebig und vor allem in Ruhe zu putzen oder ein kleines Nickerchen zu machen. Mit der Zeit werden diese Babysitterphasen immer länger, insbesondere, wenn das Säugen nach etwa acht Wochen eingestellt wird. So vergehen die Sommertage wie im Flug.

Tage und Nächte

Das Leben der Biber spielt sich im Wesentlichen im Kessel ab. Tatsächlich verbringt die Familie den gesamten Tag zusammen im Bau. Gerade im Winter ist das wichtig, damit die Jungtiere nicht zu stark auskühlen, denn sie werden von den älteren Tieren gewärmt. Abends gehen die Tiere dann nacheinander oder zusammen auf Nahrungssuche.

Im Winter ist die Aktivität insgesamt deutlich geringer, einen Winterschlaf halten die Biber jedoch nicht. Im Sommer ist es durchaus möglich, die Tiere schon am späten Nachmittag zu beobachten, je nachdem, ob das Revier ruhig und ungestört ist oder nicht.

Ungefähr die halbe Nacht verbringen die Biber mit der Nahrungssuche und -aufnahme. Zwischendurch wird auch mal pausiert oder ein Nickerchen gemacht. Den Rest der Nacht verbringen die Biber mit Patrouillen im Revier, dem Bau von Biberdämmen und Biberburgen und auch dem Graben von Biberröhren und Erd- bzw. Halbburgen.

Spätestens bei Sonnenaufgang kehren die Biber normalerweise in ihren Bau zurück, wo sie den Tag verschlafen. In kalten Wintern können in abgelegenen Gebieten auch tagsüber Biber beim Sonnen und Aufwärmen auf der Biberburg beobachtet werden.

Der Speiseplan der Biber

Was die Ernährung von Bibern angeht, gibt es relativ viele Missverständnisse und entsprechenden Aufklärungsbedarf. Die meisten Menschen glauben, dass sich Biber das ganze Jahr über nur von Bäumen und Ästen ernähren. Das stimmt so nicht. Biber ernähren sich von über 160 verschiedenen Gräsern, Kräutern und Gehölzarten. Abends kann man einen Biber also durchaus auf einer Wiese grasen sehen wie eine Kuh. Entlang des Ufers gibt es immer wieder kleine Flächen, die regelmäßig von den Bibern aufgesucht werden und entsprechend aussehen wie frisch gemäht.

Je nach Jahreszeit ist das Verhältnis in der Vegetationsperiode etwa 15:1, das heißt, Gehölze bilden, solange Gräser und Kräuter wachsen, nur einen geringen Anteil. Ab dem späten Herbst und im Winter kehrt sich das Verhältnis dann um. In der vegetationslosen Zeit sind die Biber gezwungen, sich nahezu ausschließlich von der Rinde bzw. dem Kambium, im Frühjahr auch von Knospen und Trieben der Gehölze zu ernähren.

Wenn der Herbst Einzug hält, fangen die Biber an, ein Nahrungsfloß für den Winter anzulegen. Dazu werden Weichhölzer, Stauden, Bäumchen und sogar ganze Bäume gefällt; es wird schwer geschuftet. Äste bis etwa Armstärke werden abtransportiert und vor dem Hauptbau unter Wasser als loser Asthaufen eingelagert. So ist sichergestellt, dass die Tiere nicht verhungern müssen, falls das Gewässer zufriert. Sie müssen dann nur kurz aus dem Bau heraustauchen, um die frisch und nass gelagerten Äste zu erreichen, die ihnen als Hauptnahrungsquelle dienen. Vom Spätherbst bis zum Frühjahr ernähren sich Biber fast ausschließlich von Knospen, Trieben, kleinen Ästchen und der Rinde dickerer Äste, welche hierzu von den Ästen fein säuberlich abgeschält wird.

Bei den Gehölzen stehen vor allem Laubbäume auf dem Speiseplan, bevorzugt Weiden, Pappeln (Espen) und Erlen. Seltener werden auch Haselnuss, Birke und Ähnliches gefressen. Welche Arten von Bäumen genutzt werden, hängt natürlich stark davon ab, was in dem jeweiligen Biberrevier wächst.

Harthölzer und Nadelhölzer werden normalerweise zur Nahrungsaufnahme nicht verwertet. Es gibt jedoch

Ausnahmen. Die Vermutungen reichen hier von »Heißhunger« auf die Gerbstoffe, welche für die Produktion des Bibergeils notwendig sind, bis hin zur Rodung und Auslichtung, damit die für die Biber nicht verwertbaren Gehölze vielleicht durch verwertbare Weichhölzer ersetzt werden. Aber so genau weiß das derzeit noch niemand.

Auch gibt es viele Menschen, die glauben, Biber fressen auch Holz. Das stimmt so nicht, denn Holz bietet den Tieren zu wenig Energie. Gehölzarten, bei denen die Kosten-Nutzen-Rechnung bezüglich der gewonnenen Energie nicht günstig ausfällt, werden nicht gefällt, verwertet oder gefressen. Ernährungstechnisch spielt das Holz also keine Rolle für die Biber. Das heißt jedoch nicht, dass die Biber dafür keine Verwendung haben. So werden Äste mit einem Durchmesser von etwa 12 bis 15 Zentimetern für die Errichtung und den Unterhalt der Infrastruktur, also von Biberburgen und Biberdämmen verwendet und nach dem Ablängen auf transportable Größen weggeschafft.

Wirklich nahrhaft ist für die Biber eigentlich nur die sehr dünne Wachstumsschicht zwischen Borke und Holz, das sogenannte Kambium. Ist die Rinde dünn und saftig, wird diese zusammen mit dem Kambium gefressen. Eine dicke, alte, trockene und spröde Borke wird meistens eher abgeschält oder zum Fällen der Bäume weggebissen, aber nicht gefressen.

Auch Bäume, die im Wasser liegen, werden geschält. Über Wasser ist dies ja schwimmend noch relativ einfach, aber unter Wasser wird es schon erheblich schwieriger. Dazu drehen sich die Biber auf den Rücken und versuchen, sich irgendwie an dem Baumstamm festzukrallen und die Rinde anzubeißen. Je nach Art der Rinde wird diese dann in Streifen heruntergerissen oder auch nur abgenagt. Durch den großen Resonanzkörper des im Wasser liegenden Baumstammes verursacht diese Arbeit einen immensen Lärm. Das Geräusch geht buchstäblich durch Mark und Bein; uns stehen jedes Mal die Haare zu Berge.

Nur bei dünnen Ästen und Zweigen bis etwa Bleistiftstärke, die noch relativ zart und weich sind, wird das Holz zusammen mit der Rinde und eventuell den Blättern komplett verzehrt. Das gleicht eher einem Häckseln und hört sich sehr interessant an.

Im späten Herbst beginnt dann die Saison der Baumfällungen, wenn Gräser und Kräuter nicht mehr wachsen und die Biber sich einen Nahrungsvorrat zum Überleben für die kalte Jahreszeit anlegen müssen. Häufig wird behauptet, die Biber würden »wüten«. Dieser Begriff ist aber irreführend: Die Biber fällen nicht willkürlich, sondern ausschließlich das, was sie zum Überleben im Winter benötigen.

Zu fällende dicke und große Bäume werden meistens nur sehr stark sanduhrförmig angenagt und dann teils über Wochen stehen gelassen. Das eigentliche Fällen erledigt irgendwann ein Windstoß. Alles, was nicht abtransportiert werden kann, z. B. der eigentliche Baumstamm, bleibt dann vor Ort liegen. Die Rinde wird meist noch geschält.

Hier könnten die Menschen den Bibern helfen, indem zumindest die Äste des frisch gefällten Baums liegen gelassen werden. Viel zu oft kann man beobachten, dass angenagte und gefällte Bäume von den Grundstückseigentümern sofort restlos entfernt werden, noch bevor die Biber diese verwerten konnten. Das ist ein großer Fehler. Die Biber haben den Baum ja nicht aus Jux und Tollerei gefällt, sondern um im Winter zu überleben. Wird der Baum zu rasch entfernt, zwingt man die Biber förmlich dazu, einen weiteren Baum zu fällen, da die Früchte ihrer erfolgreichen Arbeit ja verschwunden sind. Würde man zumindest die Äste liegen lassen, wäre sowohl dem Biber als auch dem Grundstückseigner geholfen.

Durch Zufall fanden wir heraus, dass sich unsere Biber noch eine weitere Nahrungsquelle erschlossen hatten. Es war später November, und unsere Biber machten sich auffällig rar. Fast keiner kam mehr bei uns vorbei, und wenn, dann nur für ein ganz kurzes »Hallo«. Dieses Verhalten war für die Jahreszeit eher ungewöhnlich. Wir gingen im Dunkeln durch den kleinen Wald zu unserem Auto, als uns das Geräusch eines vom Ufer ins Wasser flüchtenden Bibers auffiel. Wir harrten einige Minuten aus und hörten immer wieder abtauchende Biber und danach das typische Fressgeräusch. Bloß, was fraßen die Biber da? Es dauerte ein paar Tage, bis sie uns an diesem Platz akzeptierten, und mit einer ganz schwachen Taschenlampe fanden wir des Rätsels Lösung: Die Biber fraßen mit großer Begeisterung Eicheln. Es war ein Eichelmastjahr, es gab also besonders viele Eicheln in diesem Herbst. Uns waren schon die Spuren von umgewühltem Laub unter den wenigen dort wachsenden Eichen aufgefallen, wir dachten jedoch, dass hier Rehe nach Eicheln gesucht hatten. Auch für sie sind die Früchte ein Leckerbissen.

Aber siehe da, wir hatten uns geirrt. Zwei Biber suchten in 10 Metern Entfernung vom Wasser in den laut raschelnden, trockenen Eichenblättern am Boden nach den heruntergefallenen Eicheln. Weitere Biber hatten sich auf das Tauchen nach Eicheln spezialisiert. Große Eichelnüsse schwimmen nicht, sondern gehen, wenn sie ins Wasser fallen, sofort unter, und genau auf diese hatten es einige Biber abgesehen. Sie holten Eichel für Eichel vom Grund herauf und fraßen sie.

Beim Fressen der Eicheln hat jeder Biber eine andere Technik. Manch einer frisst die Eicheln komplett, der nächste schält sie erst und frisst nur die Eichelnuss, wieder andere beißen die hintere Kappe ab und ziehen dann vorsichtig mit den Zähnen die Nuss heraus, um sie zu fressen.

So machten wir über die Jahre hinweg die Erfahrung, dass »unsere« Biber in Eichelmastjahren oft bis in den Januar/Februar hinein die Böden rund um alle Eichenbestände am Ufer und im nahe gelegenen Wald akribisch absuchten und außerdem nach Eicheln tauchten. Danach wunderte es uns nicht mehr, dass sie uns für einige Zeit nur noch selten besuchten. Sie hatten schlicht zu viel zu tun.

Kuriose Idee – Biber als Wetterpropheten?

Nicht jedes Jahr ist ein Eichelmastjahr. Da die Äste und deren Rinde als einzige Nahrungsquelle natürlich sehr karg sind, versuchen die Biber im Winter maximal Energie zu sparen. Sie sind nur wenige Stunden aktiv und verbringen den Rest des Tages dösend und schlafend mit der ganzen Familie im Bau.

Über die Jahre hinweg legten unsere Biber mal große, mal kleine Nahrungsflöße an, ab und zu auch gar keines. Da liegt natürlich der Verdacht nahe, dass ein Zusammenhang mit der Strenge des kommenden Winters besteht. Doch Beobachtungen in mehr als fünfzig uns bekannten Biberrevieren in der näheren Umgebung konnten das nicht bestätigen. Es gibt Biberfamilien, die selbst in stehenden Gewässern (die schnell und stark zufrieren können) nur nach Lust und Laune Nahrungsflöße anlegen. Es gab sehr strenge Winter mit gar keinem Nahrungsfloß und sehr milde mit riesigen Nahrungsflößen. Wir haben den Eindruck, dass jede Biberfamilie das Thema eher willkürlich handhabt. Aus der Anzahl und der Größe der Nahrungsflöße im Herbst lässt sich also zumindest in unserer Gegend nicht ableiten, ob ein harter Winter bevorsteht.

Im zugefrorenen Gewässer

Es ist Winter geworden, und wir haben seit über einer Woche unter minus 10 Grad. Das Gewässer unserer Biber friert zu, und es bildet sich nun auch in der Mitte eine Eisschicht. Die alten, erfahrenen Biber kennen die Situation schon, auch wenn unser Gewässer nur sehr selten komplett zufriert. Aber die jungen Biber haben tagelang ein riesiges Problem mit dem für sie unbekannten Eis. Sie versuchen aufzutauchen, stoßen mit ihrer empfindlichen Schnauze und den Tasthaaren, den sogenannten Vibrissen, von unten gegen das Eis und erschrecken dadurch natürlich sehr. Dass das Eis auch noch laute Knackgeräusche von sich gibt, macht es nicht besser. Sie erschrecken so sehr, dass sie sofort versuchen, wieder abzutauchen. Dabei stoßen sie aber mit dem Rücken, der Kelle und den Hinterpfoten gegen das Eis und verursachen damit noch mehr Krach. Der Lärm überträgt sich unter Wasser und belastet die empfindlichen Biberohren enorm. Jedenfalls sind die kleinen Biber nach ihren ersten Erfahrungen mit dem zugefrorenen Gewässer so durch den Wind, dass sie lieber in den Bau zurückkehren und sich oft für Stunden nicht mehr raustrauen.

Erst nach zwei bis drei Tagen haben sie sich an das Eis gewöhnt, und schon beginnen sie neugierig auf Entdeckungsreise zu gehen. Solange das Eis noch sehr dünn ist, zerbricht es natürlich bei jedem Versuch herauszuklettern. Am seichten Ufer geht es meist noch relativ gut, aber im tieferen Wasser ist es schwierig, da die Eiskante immer wieder abbricht. Wenn das Eis dann aber stark genug ist, um einen kleinen Biber tragen zu können, schaffen sie es problemlos heraus.

Ab 2 bis 3 Zentimeter Eisdecke wird es zunehmend schwieriger, sie zu durchbrechen. Jetzt wird eine ganz spezielle Technik eingesetzt. Der Biber taucht unter dem Eis so nah wie möglich an die Uferböschung heran und stemmt sich dann mit geballter Kraft vom Gewässergrund nach oben gegen das Eis. So durchbrechen sie die Eisdecke wie ein U-Boot. Das machen sie jedoch nicht schnell und gedankenlos, sondern ganz langsam und vorsichtig. Oft hören wir nur, wie das Eis mehrmals knackt, und dann sehen wir, wie der Biber den Kopf ein wenig anhebt, sodass er unter den noch auf dem Kopf liegenden Eisschollen durchschauen und vor allem wittern kann, ob die Luft rein ist. Teilweise bleibt er minutenlang in dieser Position und wittert, ob alles in Ordnung ist, bevor er komplett durch das Eis bricht.

Zu dieser Zeit sind die Biber noch um Längen empfindlicher und sensibler, als sie es ohnehin schon sind. Sie wissen einfach, dass ihre Fluchtwege bis auf das Eisloch – das gerade ausreicht, um rein- und rausklettern zu können – versperrt sind und dass sie etwaigen Gefahren wesentlich schutzloser ausgeliefert sind.

Solange die Eisdecke erhalten bleibt, versuchen die Biber, das Eisloch offen zu halten. Dazu sind jedoch nur die großen, starken und erfahrenen Alttiere in der Lage. Den Jungtieren gelingt das nicht, ihre Zähne sind noch nicht stark und ausgeprägt genug.

Ja, richtig gelesen, die Biber halten ihr Eisloch mit den Zähnen offen. In den frühen Morgenstunden, bevor sich die Biber für den Tag in den Bau zurückziehen, wird das Eisloch noch ein letztes Mal kontrolliert und bei Bedarf mit den Zähnen vergrößert. Dabei wenden die Biber zwei Techniken an. Bei der brachialen Vorgehensweise entstehen im Wesentlichen Risse an den Druckstellen der scharfen Zahnkanten, und das Eis bricht nun schlagartig zwischen den Druckstellen der oberen und der unteren Kante der Schneidezähne heraus. Das Eis haben die Biber danach im Maul, und es wird unter der Eisdecke entsorgt, denn wenn eine »Eiswürfelsuppe« im Eisloch schwimmt, friert es wieder zu. Die zweite Technik besteht darin, dass nur mit dem unteren Kiefer das Eis »weggehobelt« wird. Bislang konnten wir dies vor allem beobachten, wenn die untere Kante des Eislochs im Wasser damit abgerundet, die scharfen Eiskanten also beseitigt wurden.

Die Geräusche gehen bei beiden Techniken durch Mark und Bein; jedes Mal bekommen wir Gänsehaut davon. Der Lärm ist sehr laut und durchdringend, und wenn wir auf dem Eis sitzen, spüren wir jede Vibration, die dabei entsteht. Indem sie vor der Rückkehr in ihre Burg das Eisloch nochmals kontrollieren bzw. vergrößern, stellen die Biber sicher, dass die Eisschicht, die sich bis zum Abend bildet, nicht zu dick wird. Abends wiederholt sich dann das Schauspiel mit dem Durchbrechen/Aufbeißen des Eises.

Ist das Eis dick und tragfähig genug, klettern die Biber gerne auf das Eis, oder besser gesagt, sie versuchen es zumindest. Man bekommt schon Mitleid mit den Kerlchen, wenn sie versuchen, ihre Krallen als Eispickel und Steigeisen einzusetzen – und kurz bevor es endlich geschafft ist, rutschen sie wieder ab und zurück ins Loch.

Die Techniken des Herauskletterns unterscheiden sich von Tier zu Tier. Einige tauchen auf und versuchen, sich zuerst mit ihren Armen hoch- und dann mit den Hinterpfoten herauszustemmen. Andere machen sich ganz flach und versuchen, sich mit den Krallen ihrer Vorderpfoten etwas mehr auf das Eis zu ziehen, um sich dann mit den Hinterpfoten auf dem Bauch liegend rauszuschieben. Rund um das Eisloch ist die Eisfläche natürlich spiegelglatt. Kein Wunder, denn die Biber sind ja immer pitschnass, wenn sie aus dem Wasser kommen, und jeder Tropfen friert dort sofort fest. Hinzu kommt, dass jeder vorbeitauchende oder herauskletternde Biber dafür sorgt, dass Wasser aus dem Loch schwappt und sich somit eine neue, glatte Eisschicht bildet.

Endlich auf dem Eis, wird das Herumlaufen zur reinsten Schlitterpartie. Ständig rutschen den Bibern die Pfoten weg, sodass sich für uns als Beobachter ein sehr amüsantes Schauspiel entfaltet (die Biber finden es wahrscheinlich weniger lustig, aber es scheint sie andererseits nicht besonders zu kümmern; sie versuchen es jedenfalls immer wieder). Nur wenn genug Schnee auf dem Eis liegt und so genügend »Grip« vorhanden ist, fallen diese Schlitterpartien weg.

Kaum sind die Biber aus dem Wasser geklettert, frieren jede Menge Wassertropfen an den Tasthaaren fest, und der Schnee bleibt an dem nassen Fell kleben. Ist genügend Neuschnee gefallen, wird so ganz schnell aus den Bibern ein Schneemännchen. Oft können sie überhaupt nichts mehr sehen, weil der Schnee auf dem Fell und vor allem im Gesicht kleben bleibt. Da hilft nur ein beherztes Abschütteln, wie man es von einem nassen Hund kennt.

Und das alles macht den Bibern auch noch Spaß! Gerade bei größeren Schneemengen tollen und spielen sie im Schnee herum, wie man dies von Hunden kennt. Manche Jungtiere spielen »Schneepflug«.

In einem besonders kalten Winter hatten wir die Gelegenheit, unsere Biber bei der Beschaffung von kleinen Weidenbäumchen zu beobachten. Dazu legte ich mich aufs blanke Eis, es war stark genug, und Schnee gab es keinen. Die Temperaturen waren wirklich frostig und fielen zum Abend hin auf unter minus 20 Grad. Entsprechend mummelten wir uns sehr, sehr dick ein, denn aufzustehen und sich zu bewegen, bis einem wieder warm wird, ist schließlich keine Option – wir wollen die Tiere ja nicht verscheuchen.

Wir hatten alles fertig aufgebaut. Tina saß am Ufer, zusätzlich in einem dicken Schlafsack eingepackt. Das Eis war an einigen Stellen milchig trüb, größtenteils aber wirklich glasklar. Der Wasserdruck konnte sich aufgrund der geschlossenen Eisdecke nicht ausgleichen. Ein aus der Burg (ca. 50 Meter entfernt) heraustauchender Biber kündigte sich somit schon durch kleine, sich bewegende Luftblasen unter dem Eis und schwappende Wellen im fast zugefrorenen Eisloch vorab an: sehr praktisch für uns. Nach kurzer Zeit sahen wir dann den ersten Biber. Er war fast unter mir; begeistert beobachtete ich ihn und sprach ihm wie immer gut zu. Man konnte das Gluckern der Luftblasen, die noch aus seinem Pelz entwichen, sehen und hören. Es war einfach faszinierend. Er tauchte Richtung Eisloch, konnte es jedoch nicht auf Anhieb finden. Dazu drehte er sich direkt unter dem Eis auf den Rücken, um sich tastend voranzubewegen. Mit Pfoten und Schnauze machte er sich auf die Suche und entdeckte endlich das Eisloch. Biber können bis zu 20 Minuten die Luft anhalten, aber in der Praxis machen sie davon nur selten Gebrauch. Nach wenigen Minuten begeben sie sich lieber auf den Rückzug in eine Biberröhre oder in die Burg, um dort aufzutauchen und Luft zu schnappen, bevor sie das zeitliche Limit unnötig ausreizen.

Dieser Biber nun, es handelte sich um das Muttertier, stemmte sich gegen die Uferböschung und brach durch das dünne Eis im Eisloch. Anfangs steckte sie nur ihre Schnauze durch das kleine Loch und witterte, ob die

Luft rein ist. Natürlich hatte sie uns längst bemerkt, wir waren ja nur eine Armeslänge weit weg. Wir hatten den Test bestanden, sie beschloss, das Loch aufzubeißen. Stück für Stück biss sie das Eis heraus, und langsam wurde das Loch größer. Währenddessen bewegte sie sich so weit als möglich kreisförmig unter Wasser um das Loch herum, es sollte ja schließlich rund werden. Zwischendrin hielt sie immer wieder ganz still und versuchte, durch Wittern und langes Lauschen die Umgebung auf mögliche Gefahren hin zu überprüfen. Mit dem Maul oder den Vorderpfoten befreite sie das Eisloch von den darin herumschwimmenden abgebissenen Eisbrocken. Die Wassertropfen an ihrem Bart waren längst festgefroren und wuchsen mit jedem Mal Unter- und Wiederauftauchen weiter an.

Ein paar Minuten später war es dann so weit: Das Eisloch hatte vielleicht einen Durchmesser von 30 bis 35 Zentimeter erreicht. Die Pfoten passten schon vor dem Kopf auf das Eis, und so stemmte sich »Mutti« hoch und versuchte, auf dem Eis liegend zeitgleich eine Hinterpfote nach der anderen auf das Eis zu bekommen. Finger und Zehen wurden stark angewinkelt, um sich bestmöglich festkrallen und aus dem Loch klettern zu können. Geschafft! Sie rutschte zwar noch ein paar Mal aus und fast in das Loch zurück, aber dann konnte sie sich auf das Eis setzen. Sie schüttelte wie ein Hund das Wasser aus dem Fell und drehte sich Richtung Eisloch um. Jetzt begann sie von oben das Eisloch größer zu beißen.

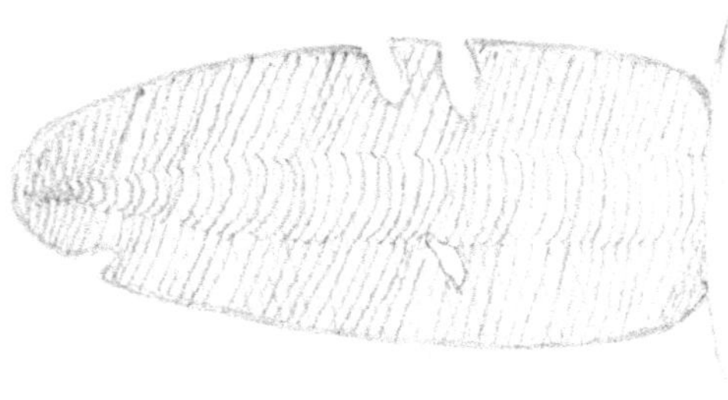

Muttis Kelle ist an den zwei Einkerbungen zu erkennen.

Ich selbst fror auf dem Eis liegend alle paar Minuten irgendwo an und musste mich dann behutsam loseisen, während ich fotografierte und/oder filmte. Daher starrte ich fasziniert auf die nassen nackten Hinterpfoten der Bibermutter auf dem Eis und fragte mich, ob und wann sie wohl festfrieren würde. Aber nichts dergleichen geschah.

Stattdessen machte sie sich zielstrebig auf den Weg über das Steilufer, wo der Landwirt im Winter etliche Weiden auf Stock geschlagen hatte. Das Eisloch war von den Bibern offensichtlich mit Verstand und Bedacht an dieser Stelle angelegt worden. Kurz darauf schleifte sie ein Weidenbäumchen von etwa 2,5 Metern Länge und 6 Zentimetern Stammdurchmesser die Böschung herunter.

Aufgrund der Länge des Bäumchens, der Dicke des Eises und des geringen Lochdurchmessers konnte sie den Stamm aber nicht in das Loch bugsieren. Sie wäre damit quasi im Eisloch stecken geblieben. Es gab noch ein paar Anläufe durch Vor- und Zurückziehen des Bäumchens, um es doch noch in das Eisloch zu stecken, aber vergeblich, es wollte einfach nicht funktionieren. Währenddessen rutschte sie noch ein paar Mal in das Eisloch und fiel halb hinein. Die Arme, gerne hätten wir geholfen, aber wir wollten sie nicht stören. Wir wussten ja, wie extrem empfindlich Biber bei einer geschlossenen Eisdecke reagieren.

In ihrer Not biss sie ein Ästchen ab und häckselte es klein. Es machte den Eindruck, als würde sie jetzt überlegen, ob und wie sie der Situation Herr werden könnte. Die großen Eisplättchen auf ihrem Kopf, die dort seit dem Ausstieg aus dem Eisloch lagen, reflektierten immer wieder das spärliche Licht. Die Weide lag über dem Eisloch und gabelte sich in mehrere Äste etwa 50 Zentimeter oberhalb der Schnittkante.

Anscheinend hatte die Bibermutter inzwischen einen Entschluss gefasst. Sie begann einen der etwa 4 Zentimeter dicken Äste abzunagen. Das Holz wird bei dieser klirrenden Kälte sehr hart, entsprechend länger dauert es, den Ast abzubeißen, und die Geräusche, die dabei entstehen, sind wirklich haarsträubend. Sie neigte ihren Kopf nach links, machte ein, zwei Bisse, neigte ihn nach rechts, wieder für ein paar Bisse und so weiter. So entstehen die typischen sanduhrförmigen Einkerbungen, die notwendig sind, wenn Biber nicht mit einigen wenigen Bissen etwas fällen und durchbeißen können.

Eine Minute später war es dann geschafft: Sie glitt fast geräuschlos mit dem abgebissenen Ast in das Eisloch. Er blieb aber aufgrund des seichten Ufers noch mehrfach stecken, und nur durch Anreißen sowie Hin- und Herschieben unter dem Eis gelang es ihr, den Ast frei zu bekommen, um ihn endlich abtransportieren zu können. Noch ein paar große blubbernde Luftblasen im Eisloch, und weg war sie mit ihrer Beute.

Kurze Zeit darauf kündigte die sich hebende Wassersäule im Eisloch wieder Besuch an. Und schwupps, da war sie wieder. Allerdings kletterte sie diesmal gar nicht erst heraus, sondern zwickte einen dünnen Weidenast ab und verschwand damit sofort wieder. Der nächste Besuch ließ nicht lange auf sich warten. Auch jetzt stand sie nur im Eisloch, ohne herauszuklettern. Der nächste dickere Ast wurde in Angriff genommen. Das Bäumchen glitt jedoch auf dem Eis weg, und so lag sie plötzlich mit der Brust gestreckt auf dem Eis, bewegte den Kopf hin und her und nagte den Ast ab. Mit der linken Pfote hielt sie den dünnen Ast fest, biss in den Stamm, und unter Zuhilfenahme der rechten Pfote versuchte sie, beide Teile gleichzeitig in das Loch zu ziehen und abzutransportieren. Ein kleines Ästchen am Stamm verhinderte dies leider, also schob sie den Ast so weit Richtung Ufer zurück, bis sie die Schnittkante mit ihren Zähnen fassen konnte. Endlich war es ihr möglich, das Stück Stamm durch das Eisloch zu ziehen. Ich lag auf dem Eis und spürte die Kälte kaum noch, so sehr faszinierte mich das Schauspiel.

Die nächste Pause dauerte erheblich länger, offenbar stärkte sie sich nach der Anstrengung an der Weidenrinde. Doch dann kündigte das Wellenspiel im Eisloch sie wieder an. Sie lugte aus dem Wasser und begann sogleich mit ihren Zähnen zu knirschen. Ein schlechtes Zeichen; danach fliehen Biber eigentlich immer mit lautem Platschen, und oft ist der Abend dann gelaufen. Durch langes sachtes Zureden konnten wir das aber verhindern.

Den Rest des Bäumchens hätte sie eigentlich durch leichtes Zurückschieben sofort ins Loch ziehen und damit verschwinden können, aber sie zog es vor, herauszuklettern. Dem Ast widmete sie zunächst keinerlei Aufmerksamkeit. Sie kletterte auf das Steilufer, kam kurze Zeit später zurück und griff das noch verbleibende Weidenbäumchen in 1,5 Meter Entfernung vom Eisloch fast an der Spitze mit ihrem Maul und schob es gekonnt und souverän einfach in das Eisloch hinein. Für einen Moment sah es so aus, als wollte sie sich als Stabhochspringerin betätigen. Natürlich verhakte sich der Stamm wieder am Uferboden. Sie lag über dem Eisloch, schob den Ast noch mehrfach mit ihrem Maul hin und her, bis sich das Problem gelöst hatte. Sie hatte den Ast etwa im oberen Drittel mit ihrem Maul genommen, schob ihn weiter und glitt dann damit durch das Eisloch auf und davon.

Wir hätten nicht gedacht, dass die Aktion so endet, wenn wir es nicht mit eigenen Augen gesehen hätten. Mehrmals wollten wir ihr helfen, so hilflos wirkten zeitweise ihre Versuche, den Ast durch das Eisloch zu bekommen. Aber die Art, wie sie ihn zum Schluss gekonnt durch das Loch schob, zeigte uns einmal mehr, wie schlau und geschickt die Tiere sind. Sie war sich wohl der Möglichkeiten und Dimensionen des restlichen Weidenbäumchens permanent bewusst, sonst wäre das letzte Kunststück niemals gelungen. Absolut unglaublich und faszinierend!

Wir hatten die ganze Szene gefilmt, sie dauerte etwa 25 Minuten. Bei unseren Vorträgen führen wir diesen Film gern vor, und die Reaktionen des Publikums sind immer umwerfend: Von verhaltenem oder lautstarkem

Gelächter bis hin zu tosendem Applaus und Standing Ovations ist alles mit dabei. Es bewegt das Publikum zutiefst, diese bislang noch nicht bekannte Verhaltensweise mit all ihren Höhen und Tiefen aus nächster Nähe miterleben zu dürfen. Wir verstehen das gut: Obwohl wir die Szene schon so oft gesehen und vorgeführt haben, hat sich an unserer Begeisterung und Freude bis heute nichts geändert.

We are family!

Das Sozialleben der Biber ist wirklich etwas ganz Besonderes. In wissenschaftlichen Texten und Dokumentationen ist aber leider wenig darüber zu finden. Kein Wunder, denn die Tiere sind so scheu, dass ihr Sozialverhalten nur sehr schwer zu beobachten ist.

Biber leben in Kleinfamilien mit einem klaren Oberhaupt: der Mutter. Das Muttertier ist die »Matriarchin« der Familie – sie bestimmt, was passiert und was nicht. Im Wesentlichen dreht sich ihr gesamtes Denken und Handeln um die eigene Biberfamilie und den Erhalt des eigenen Revieres. Ohne das Vertrauen des Muttertieres wären solche Beobachtungen, wie wir sie machen, gar nicht möglich.

Die Biberfamilie – ein dynamisches System

Eine durchschnittliche Biberfamilie besteht aus den beiden Alttieren, den Jungtieren des Vorjahres und denen des aktuellen Jahres. Man rechnet im Schnitt mit etwa 3,4 Bibern pro Revier. Die Elterntiere leben in einer monogamen Dauerehe, bis einer von beiden stirbt. Forschungen der letzten Jahre haben jedoch gezeigt, dass es wohl mehr »Kuckucksbiberchen« gibt, als man bislang annahm – »außereheliche« Paarungen sind also gang und gäbe.

Sollte eines der Elterntiere sterben, stellt sich im Laufe des nächsten Jahres meist ein neuer, jüngerer Lebenspartner bzw. eine Lebenspartnerin ein. Für die Jungtiere ist dies meist kein Problem, sie werden die ersten beiden Jahre weiterhin versorgt und geduldet. Danach werden die Jungtiere allerdings mit Nachdruck aus dem Revier vertrieben. Sie müssen sich ein eigenes Revier suchen, damit im Revier der Eltern Platz für den neuen Nachwuchs ist. Begeistert sind sie davon natürlich nicht; oft fordern sie zunächst umso mehr Streicheleinheiten von uns ein und werden noch anhänglicher. Es ist offensichtlich, dass die Zweijährigen vom Verhalten der Elterntiere verwirrt sind.

Die Vertreibung passiert normalerweise im Zeitraum von Januar bis April. Die Elterntiere werden unleidiger den zweijährigen Jungen gegenüber, fauchen diese gelegentlich an und machen Scheinattacken. Dabei springen die Alttiere die Jungtiere an oder ihnen hinterher, stoßen sie weg oder kneifen sie.

Gelegentlich kommt es durchaus auch zu Kollateralschäden. Dann kann man im Fell der Jungtiere helle streifenförmige Stellen erkennen. Dort fehlen die langen braunen Grannenhaare, die das darunterliegende dichte Unterfell normalerweise überdecken. Es sieht aus, als wäre jemand mit einem Langhaarschneider ausgerutscht. In Wirklichkeit haben die Alten ein paar Grannenhaare mit ihren scharfen Zähnen abrasiert. Wir konnten jedoch noch nie beobachten, dass die Jungtiere von den Alttieren ernsthaft gebissen oder verletzt wurden.

In den letzten Jahren konnten wir allerdings öfter einmal Ausnahmen beobachten. Seit der Populationsdruck der angrenzenden Nachbarreviere angestiegen ist, kommt es öfter zu Revierkämpfen, oder Eindringlinge müssen vertrieben werden. So gibt es immer wieder Ausnahmen von der Zwei-Jahre-Regel. Das heißt, Jungtiere werden nicht mehr zwangsläufig aus dem angestammten Revier vertrieben, sondern bekommen eine Fristverlängerung und werden nicht nur länger, sondern teils sogar für immer im elterlichen Revier geduldet. Dieses Verhalten wurde bislang noch nicht dokumentiert, tritt aber unserer Beobachtung nach immer häufiger auf. So kann es also durchaus vorkommen, dass bis zu acht Tiere in einem Revier verteilt leben.

Doch selbst wenn die zwei- bis vierjährigen Jungtiere im Revier bleiben, gehen sie meist ihre eigenen Wege. Sie legen sich eventuell schon eine kleine Biberburg an bzw. ziehen sich in bereits existierende zurück, die aktuell nicht von den anderen Jungtieren und den Eltern bewohnt werden. Das Zusammenleben ist auch dann bis auf kleine, kurze Meinungsverschiedenheiten einvernehmlich und friedlich.

Paarungs- und Tragezeit

Die Paarungszeit der Biber liegt im Januar/Februar, also zur kältesten Jahreszeit. Nach einer Tragezeit von etwa hundert Tagen kommen dann die Jungen zur Welt. Meist sind es ein bis drei Jungtiere, wir haben jedoch auch schon einmal einen Wurf mit fünf Jungtieren beobachten können.

Wenn die Paarungszeit beginnt, fordern die Hormone ihren Tribut. Es ist offensichtlich, dass die erwachsenen Tiere zu dieser Zeit nichts anderes im Sinn haben. Sie zeigen sich dann auch kaum. Bislang konnten wir in all den Jahren nur ein einziges Mal eine Biberpaarung beobachten. Diese fand im Wasser in der klassischen Löffelchenstellung statt.

Ob die Paarung erfolgreich war oder nicht, lässt sich für aufmerksame Beobachter schon kurze Zeit später relativ einfach feststellen. Sucht das Weibchen schlagartig verstärkt unsere Nähe, wird anhänglicher, wirkt etwas unausgeglichener und frisst auch erheblich mehr, gibt es Nachwuchs, ansonsten nicht. Mit den Jahren ist uns auch aufgefallen, dass die Weibchen gelegentlich während der Tragzeit Nadelhölzer annagen, was sonst nicht passiert. Für Biber ist das unüblich, sie fressen normalerweise nur Weichhölzer. Dieses Verhalten hat wohl mit einer Art »Heißhunger« der Weibchen nach bestimmten Gerbstoffen zu tun, so unsere Vermutung.

Ab Anfang April sind dann die vergrößerten Zitzen zu erkennen, das letzte sichere Zeichen, dass es wieder Bibernachwuchs geben wird. Die Bibermutter wird immer dicker und kugelrund, bis sie Ende April aussieht wie ein Medizinball auf vier kurzen Beinen. Die meiste Zeit sitzt sie dann gemütlich am Ufer, knabbert an einem Weidenast und bewegt sich nur noch, wenn es sich gar nicht vermeiden lässt. Wir haben auch schon beobachtet, dass plötzlich eine Beule am Bauch zu sehen war, die immer weiter nach außen drückte, wieder verschwand, und kurze Zeit später waren es auf einmal zwei große Beulen. So ging es ein paar Mal hin und her.

Offensichtlich hat da wohl ein kleiner Biber im Bauch seiner Mutter herumgestrampelt …

Je weiter der April fortschreitet, desto schwerfälliger, müder und behäbiger wird die Bibermutter. Sie legt auch immer mehr Verschnaufpausen ein. Uns gegenüber wird sie dann noch anhänglicher. So passiert es, dass sie vor uns im seichten Wasser innehält, während ihr die Augenlider immer schwerer werden. Dann hält sie ein Nickerchen – ein großer Vertrauensbeweis. Natürlich sind wir dann mucksmäuschenstill. Gelegentlich versucht sie noch, die Augen ein wenig zu öffnen, aber wenn wir dann beruhigend auf sie einreden, schläft sie wirklich ein. Der Kopf wird immer schwerer, senkt sich langsam … Dabei kann es passieren, dass sie mit der Nase eintaucht und Wasser einatmet. Natürlich schreckt sie dann kurz auf und muss niesen, um das Wasser wieder aus der Nase zu bekommen. In diesem Zustand der Müdigkeit und des Halbschlafes passiert so etwas oft wenige Minuten später erneut.

Wir fiebern dann der schönsten Zeit des Jahres entgegen und warten schon darauf, wann die Jungen endlich gesetzt werden. Anfang bis Mitte Mai ist es so weit, die Jungtiere kommen auf die Welt. Sie werden in der Biberburg, dem sogenannten Biberkessel, einer Kammer mit etwa 100 bis 120 Zentimeter Durchmesser, oberhalb des Wasserspiegels geboren.

Die ersten ein bis zwei Tage danach bekommen wir »Mutti« meist nicht zu Gesicht. Sie kümmert sich intensiv um den Nachwuchs und hat viel zu tun. Die älteren Jungtiere jedoch sind dann völlig durch den Wind. Sie kommen uns besuchen, fiepen laut, sind unruhig und aufgeregt und haben gelegentlich sogar noch Blut von der Geburt im Fell hängen. Sie sind also bei der Geburt ihrer kleinen Geschwister dabei, und man merkt, dass sie regelrecht »aus dem Häuschen« sind.

Die ersten Lebenstage

Die neugeborenen Biber sind von Anfang an vollständig ausgebildet, mit Fell und geöffneten Augen und Ohren. Sie sind jedoch zunächst im Bau buchstäblich gefangen. Der Eingang zur Biberburg liegt nämlich immer unter Wasser. Die Burg kann nur durch eine Art Siphon tauchend erreicht bzw. verlassen werden. Genau da liegt dann auch das Problem, das wir schon einmal kurz erwähnt haben: Junge Biber können noch nicht tauchen. Sie schwimmen auf der Wasseroberfläche wie ein Korken, da in ihrem dichten Fell sehr viel Luft eingeschlossen ist, die für starken Auftrieb sorgt. Bevor das Abtauchen durch die Wasseroberfläche gelingt, müssen die kleinen Kerlchen also erst noch wachsen und kräftiger werden.

Etwa im Alter von vier bis fünf Wochen können die Jungtiere den Bau zum ersten Mal selbstständig verlassen. Also gilt es für uns noch einige Zeit abzuwarten.

Gibt es eine große Schneeschmelze oder Hochwasser, wird es für die Kleinen schnell gefährlich, denn sie können im Bau ertrinken. Nur ein wirklich erfahrenes Muttertier ist in der Lage, bei dieser drohenden Gefahr die Jungtiere zu retten und in einen extra dafür angelegten Hochwasserbau zu evakuieren. Dazu nimmt das Weibchen die Jungtiere vorsichtig ins Maul und hält sie zusätzlich mit den Vorderpfoten fest, wenn sie den Bau tauchend verlässt. Wir haben das schon mehrfach erlebt. Die Kleinen halten still, fiepen aber während des Umzugs ganz erbärmlich. Alle Familienmitglieder sind in einer solchen Situation äußerst aufgeregt und nervös.

Leider klappt die Evakuierung nicht immer. Wir hatten schon katastrophale Jahre, in denen alle oder ein Großteil der Jungtiere ertrunken sind.

Die Bibermutter verlässt in den ersten Wochen nach der Geburt der Jungtiere meist relativ früh am Abend den Bau, um auf Nahrungssuche zu gehen. Oft geschieht dies schon am späten Nachmittag, weit vor Beginn der Dämmerung. Das Säugen der Jungtiere erfordert sehr viel Energie. Der Appetit des Muttertiers ist groß, sie wirkt schnell ausgezehrt.

Das Weibchen hat vier Zitzen. Anhand der Anzahl der geschwollenen und in Gebrauch befindlichen Zitzen und Milchdrüsen lässt sich innerhalb der ersten Woche grob abschätzen, wie viele Jungtiere gesäugt werden. Sind es mehr als drei Jungtiere, dann sind alle Zitzen geschwollen und werden zum Säugen verwendet. Bei weniger Jungtieren bilden sich die nicht in Gebrauch befindlichen Zitzen und Milchdrüsen sichtbar zurück.

Gelegentlich nimmt sich die Bibermutter ein paar Minuten Auszeit außerhalb des Baus, wo sie einfach mal ein bisschen Ruhe hat und sich ganz entspannt putzen kann. Sie setzt sich zu uns und lässt sich ein bisschen kraulen oder sitzt auch mal nur in der Abendsonne und döst vor sich hin, bevor wieder die Pflicht ruft. Wenn die Mutter in den Bau zurückkehrt, bringt sie oft einen frischen Weidenast mit, damit sich die Knirpse schon mal mit der zukünftigen festen Nahrung anfreunden können.

Während »Mutti« auf Nahrungssuche ist, wird mindestens ein älteres Geschwister zum Aufpassen auf die Kleinen im Bau abgestellt. Wir haben allerdings schon mehrmals beobachtet, dass der »Babysitter« seinen Pflichten nicht nachkam und sich ebenfalls auf die Nahrungssuche machte bzw. machen wollte. Ein durchdringender Blick der Alten, vielleicht noch ein leichtes Fauchen, reicht aus: Der Babysitter macht sofort kehrt marsch und schwimmt zum Aufpassen in den Bau zurück.

Lange Zeit fragten wir uns, warum plötzlich, nachdem Wellen an der Burg zu beobachten waren, »Hackschnitzel« an uns vorbeischwammen. Irgendwann sahen wir dann, dass auch alte, schon abgeschälte Äste in den Bau transportiert wurden, und so kamen wir auf des Rätsels Lösung: Biber sind sehr reinlich, aber die Jungtiere sind natürlich noch nicht »stubenrein«. Daher werden sonst nicht zu verwertende Holzteile, z. B. alte Äste, mit den scharfen Schneidezähnen zu Holzschnitzeln zerkleinert und als Einstreu verwendet. Alle zwei bis drei Tage wird dann der Bau sauber gemacht, die schmutzige Holzschnitzeleinstreu tauchend aus dem Bau herausgeschafft und durch neue ersetzt.

In die große Welt hinaus – erste Begegnungen mit den jungen Bibern

Es ist Mitte Juni, auf den ersten Blick ein Abend wie jeder andere ... Nein, irgendwas ist anders. Die älteren Biber liegen wie Baumstämme im Wasser, gleichmäßig verteilt, und wittern auffällig (die Nase wird immer wieder leicht angehoben, um zu riechen, ob Gefahr in der Nähe ist), bewegen sich aber nicht vom Fleck und sind hochkonzentriert. Einer patrouilliert regelrecht, schwimmt ein bisschen weiter hoch und wieder runter, taucht ab und verschwindet dann schließlich. Sie ignorieren uns, reagieren auch nicht wie sonst üblich auf unser Zureden. Das ist ein untrügliches Zeichen. Die Spannung steigt, denn jetzt ist es endlich so weit. Jetzt beginnt für uns die schönste Zeit des Jahres mit unserer Biberfamilie: Die Jungtiere verlassen zum ersten Mal den Bau.

Wir können uns noch gut an einen solchen Abend erinnern: Zu Anfang gab es nicht viel mehr zu sehen als ein paar kleine Wellen, zum Verwechseln ähnlich denen, die von einer Bisamratte verursacht werden. Nach etwa einer Viertelstunde war der Spaß auch schon vorbei. Leider konnten wir aufgrund der dichten überhängenden Ufervegetation nichts sehen. Schade – wir hatten uns schon so darauf gefreut! Wir fragten uns, ist es noch zu hell? Haben die Alten einen größeren Ausflug der Kleinen verhindert, weil ihnen die Lage nicht sicher genug erschien? Oder traut sich der Nachwuchs einfach noch nicht in unsere Nähe? Wie auch immer, wir zogen lange Gesichter.

Das Abendlicht schwand immer mehr, bald würde es

zu dunkel sein, um noch etwas sehen zu können. Wir dachten schon ans Zusammenpacken, da wir ja heute mehr oder weniger versetzt worden waren.

Dann jedoch sahen wir große typische Biberwellen ganz nah am Ufer; es waren wohl mehrere Biber unterwegs. Sie kamen immer näher, und gleich darauf lief ein ganzer Biberkonvoi bei uns ein: ein winziger Jungbiber, beschützt und begleitet von »Mutti« und zwei älteren Geschwistern.

Diese Jungbiber sind unglaublich putzige Kerlchen. Der Neuzugang könnte sich locker in meine Hand setzen, die Kelle ist vielleicht 8 Zentimeter lang und 3 Zentimeter breit. Gestreckt im Wasser liegend erreicht er noch nicht einmal die Länge der Biberkelle der Jungen aus dem Vorjahr. Die Grannenhaare fehlen auch noch, man sieht nur das sonst verdeckte dichte Unterfell. So ein junger Biber sieht aus wie ein kleines knuffiges Stofftier. Alles an ihm wirkt noch unbeholfen und tapsig. Tauchen klappt nicht immer auf Anhieb, zum Lenken, Steuern und Bremsen wird schon mal eine Hinterpfote verwendet, selbst einfach nur ruhig im Wasser zu liegen ohne zu kippen ist nicht ganz einfach. Was für ein lustiger, niedlicher Anblick!

Wir konnten uns gar nicht sattsehen. Es war wohl wirklich sein erster Ausflug; fasziniert blickte er in die große weite Welt. Lauter Vogelgesang ließ ihn kurz zusammenzucken. Er war sehr vorsichtig und ängstlich, aber dann doch wieder mutiger, als man erwarten würde.

An diesem Abend jedenfalls setzte sich der kleine Kerl ganz unbefangen direkt vor uns ans Ufer, als würden wir uns schon ewig kennen. Er war keinen Meter von uns entfernt, Familie Biber akzeptierte unsere Gegenwart, als wären wir ihresgleichen.

Dann waren noch ein paar Wellen zu sehen: Der zweite Knirps kam angeschwommen. Sein lautes, heiseres Fiepen nach seiner Mutter hörten wir schon, bevor wir ihn überhaupt zu Gesicht bekamen. Auch er wurde von einem älteren Jungtier begleitet.

Es ist faszinierend: Die Kleinen werden von den älteren Bibern gehütet wie der Augapfel, und alle achten sehr darauf, dass sich keiner zu weit entfernt, durch die Strömung weggezogen wird oder anderweitig verloren geht. Sollte das passieren, wird der Kleine sofort in die Richtung abgedrängt oder geführt, wo er hinsoll. Ist einer der kleinen Biber zu schwach oder die Kräfte lassen nach, darf er sogar auf den Rücken von einem älteren Biber klettern und Huckepack mitschwimmen.

Es ist für uns jedes Jahr ein großer Vertrauensbeweis, wenn uns die Jungtiere vorgeführt, ja, regelrecht vorgestellt werden.

Nach einer halben Stunde verschwinden dann alle wieder Richtung Bau, offenbar ist es für heute genug mit den Abenteuern, sie sind müde und erschöpft. Wir nutzen die Gelegenheit, um uns für diesen Abend heimlich und ohne Störung davonzustehlen, in Zeitlupe. Jeder Schritt wird mit Bedacht gewählt, denn wir möchten ja unbedingt verhindern, dass Familie Biber unseretwegen erschrickt.

Es kann durchaus ein paar Wochen dauern, bis wir endgültig Gewissheit haben, wie viele Jungbiber in diesem Jahr geboren wurden. Meist jedoch finden wir es bis Ende Juni heraus. Wenn es so gut klappt wie an dem beschriebenen ersten Abend, sind wir sehr glücklich, begeistert von den Kleinen, und freuen uns schon auf die Abenteuer, Erlebnisse und Geschichten, die wir gemeinsam in den nächsten Wochen und Monaten erleben dürfen.

Die Zähne der Biberjungen beginnen gerade erst zu wachsen, sind noch sehr kurz und schärfen sich noch nicht selbst nach. Das macht durchaus Sinn, denn die nächsten Wochen werden die Jungtiere noch immer gesäugt. »Mutti« ist der Mittelpunkt des Familienlebens. Die kleinen Biber versäumen keine Gelegenheit, sie zu liebkosen, ihre Aufmerksamkeit zu erhaschen oder auch kurz einen Schluck Milch zu trinken. Bei jeder Begegnung wird leise gefiept.

Uns gegenüber sind sie anfangs noch etwas schüchtern, aber das ist binnen weniger Tag verflogen, die Neugier ist stärker als die Zurückhaltung. Die älteren Geschwister zeigen ja auch keine Scheu, sogar die Mutter sitzt bei uns, dann müssen wir ja wohl ungefährlich sein.

Mit etwas gutem Zureden fassen sie sehr schnell Vertrauen zu uns. Ehe wir uns versehen, wird alles neugierig untersucht und angeknabbert. Ihre Ausflüge werden von Tag zu Tag länger, und irgendwann trauen sich die Kleinen dann sogar alleine raus, ganz ohne Aufsicht. Dabei meiden sie allerdings das offene Wasser und halten sich eigentlich immer im Schutz des Ufers auf.

Die älteren Biber scheinen keine Bedenken zu haben, ihre Jungen in unserer Nähe zu lassen. Es kommt uns sogar immer wieder so vor, als wären die älteren Biber froh, die Kleinen in unserer Obhut zu wissen, weil sie so selbst etwas Ruhe finden vor dem ganzen Gewusel.

Oft dauert es allerdings nicht lange, bis ein großer Biber auftaucht und dem Nachwuchs etwas Fressbares vorbeibringt, meistens einen Weidenast. Die kleinen Biber sind noch einige Monate lang nicht in der Lage, sich selbst zu versorgen, und sind deshalb zwingend auf die Fürsorge der älteren Familienmitglieder angewiesen.

Nicht einmal dünne Ästchen können sie anfangs abbeißen. Mit einer besonderen Technik gelingt es ihnen trotzdem, so ein Ästchen abzureißen: Sie beißen hinein und drehen sich wie ein Krokodil, das ein Stück Fleisch aus der Beute herausreißen will, so lange um die eigene Achse, bis es abgerissen ist. Diese Technik wenden sie an, bis sie etwa drei Monate alt sind. Erst danach sind die Zähne lang genug gewachsen, um sich zu überlappen, abzuwetzen und sich somit permanent nachzuschärfen.

Was essbar ist und was nicht, lernen die Jungen von den Alttieren. Bevor irgendetwas gefressen wird, schnuppern die Biber immer erst daran. Und auch wenn man es nicht sieht: Selbst wenn sie etwas schon im Maul haben, schmecken sie immer zuerst mit der Zunge daran, ob es pflanzlich und genießbar ist. Falls nicht, lassen sie davon ab.

Kleine Händchen lernen schnell

Schon die jungen Biber benutzen ihre Hände mit großer Geschicklichkeit. Sie greifen damit nicht nur dünnste Äste, sondern zupfen auch einzelne Blätter ab. Dünne

Ästchen werden anfangs nur »einlagig« gefressen. Doch mit etwa vier Monaten haben die Jungen einen weiteren Kniff gelernt: Die Ästchen werden dann etwa in 20 bis 30 Zentimeter Abstand mit den Pfoten gegriffen, durch Zusammenschieben der Pfoten knickt dieser dann meist mittig und wird anschließend »zweilagig« gefressen. Der Vorteil? Doppelter Durchsatz bei gleicher Zeit, einfach schlau.

Wenn die jungen Biber sich irgendwo am Ufer zwischen ein paar herunterhängenden Grashalmen verheddern und sich diese halb um die Nase wickeln, nehmen schon die Kleinsten ihren einzelnen, gestreckten spitzigen Zeigefinger zu Hilfe, um damit den um die Nase gewickelten Grashalm zu entfernen. Sind es mehrere Halme, verwenden sie auch schon mal die ganze Hand, fassen die Halme und ziehen das Büschel einfach weg. Wird ein Ast im Maul transportiert und bleibt öfter am Ufer hängen, nehmen die Biber gelegentlich die gegenüberliegende Hand über den Kopf, greifen den Ast, öffnen ihr Maul und lassen ihn aus, ziehen den Ast dann über den Kopf auf die andere Seite und nehmen ihn wieder ins Maul für den weiteren Transport. Wir würden es keinen Deut anders machen.

Wer hinter diesen Verhaltensweisen und Techniken »Instinkt« vermutet, irrt sich: Alles, was die Biber können, müssen sie lernen und üben. Auch beim Tauchen dauert es eine Weile, bis sie den Bogen raus haben. Anfangs kostet sie das Kunststück noch große Anstrengung, und wenn sie müde werden, schnellen sie wie ein Korken zurück an die Wasseroberfläche.

Fellpflege ist lebenswichtig

Selbstverständlich müssen sich die Kleinen auch der lebensnotwendigen Fellpflege widmen, denn nur ein sauberes und gepflegtes Fell hält warm und trocken. Dazu setzen sie sich hin und müssen dann mit einer der Putzkrallen an den Hinterpfoten ihr Fell kämmen, also das Beinchen hochheben. So weit die Theorie. Aber dann ist ja die Hinterpfote in der Luft, und das mit dem Gleichgewicht will nicht mehr so recht klappen. Oft fallen sie bei dem Versuch, sich selber zu putzen, um und kugeln vom Ufer zurück ins Wasser. Dann wird halt getaucht statt geputzt.

Grundsätzlich ist die Fellpflege aber nichts Individuelles, sondern ein Gemeinschaftserlebnis. Sie ist »ansteckend«, und das ist gut und praktisch. Denn Biber sind zwar sehr gelenkig, und mit ihrer geteilten Putzkralle an den Hinterpfoten erreichen sie die meisten Körperpartien – aber eben nicht alle. Wenn ein Biber damit anfängt, die dichte Unterwolle mit der Putzkralle durchzukämmen, machen schnell alle anderen bereitwillig mit und sind für die wechselseitige Unterstützung durch einen Artgenossen sehr dankbar. Damit sie sich darauf einlassen, müssen sie sich aber wirklich sehr sicher fühlen und auch schon den ersten Hunger gestillt haben. Jeder Biber in der Nähe schließt sich diesem Sozialverhalten an. Da macht es ihnen auch nichts aus, wenn ihr Kopf zum Putzen von einem anderen Biber unter Wasser gedrückt wird. Wir hatten schon ein Knäuel von mehr als fünf Bibern vor uns, die sich alle irgendwie gegenseitig putzten.

Die Kleinen haben es dabei besonders wichtig. Natürlich werden sie bevorzugt von den älteren Geschwisterchen geputzt, aber so lange stillzuhalten ist nicht ihre große Stärke. Nach kurzer Zeit betrachten sie das Putzen als Aufforderung zum Spiel, und dann geht es auch schon wieder rund.

Wenn wir sie in dieser Stimmung ein wenig kraulen, greift das Verhalten auch auf uns über. Sie drehen sich zu uns und möchten an unseren Armen Fellpflege betreiben. Unser mickriger »Restpelz« macht sie jedoch schnell stutzig, und so lassen sie bald wieder davon ab. Dieses Verhalten zeigt aber ohne Zweifel, dass wir wirklich als Familienmitglieder und »Biber ehrenhalber« anerkannt sind.

Das Besondere bei dieser Art der sozialen Fellpflege ist, dass sie nicht nur mit den Krallen, sondern auch mit den Zähnen durchgeführt wird. Natürlich sind sich die Tiere ihrer messerscharfen Schneidezähne bewusst. Sie rasieren damit also nicht das Fell der anderen ab, sondern kämmen es vorsichtig durch. Dabei ist das Geräusch aneinanderschlagender Zähne zu hören. Es hat lange gedauert, bis wir herausgefunden hatten, was da vor sich geht. Das Fell wird sachte zwischen die Schneidezähne gedrückt, dabei öffnen und schließen sich die Kiefer aber nicht, sondern der untere Kiefer wird bei geschlossenem Maul zurückgezogen und dann mit dem Fell zwischen den Zähnen nach vorne geschoben. So entsteht das Klappergeräusch.

Die Kleinen sind dazu natürlich noch nicht in der Lage, aber sie genießen die Aufmerksamkeit und machen bereitwillig im Rahmen ihrer Möglichkeiten mit. Sie möchten ihren Beitrag leisten und ihren Familienmitgliedern bei der Fellpflege behilflich sein. Aber dazu sind die Beinchen noch zu kurz. Selbst wenn sie sich strecken, erreichen sie nicht einmal den Rücken eines großen Bibers, der vor ihnen auf dem Bauch liegt.

Biberspiele

Wie alle Kinder auf dieser Welt spielen auch junge Biber gern und ausdauernd. In ihrer Lebensfreude und ihrem Übermut machen sie oft kleine »Bocksprünge«. Dabei springen sie 10 bis 15 Zentimeter hoch und machen während des Luftsprungs eine halbe Drehung, um dann in einem unglaublichen Tempo im Galopp ins Wasser zu sprinten und abzutauchen. Es ist einfach unbeschreiblich, dies miterleben zu dürfen. Die Probleme des Alltags sind im Nu vergessen, wenn man die Tiere eine Weile beobachtet.

Offensichtlich ist das Herumspielen aber nicht nur uns eine Freude, es wirkt auch auf die älteren Familienmitglieder durchaus »ansteckend«. Angespornt durch den Spieltrieb der Kleinen, beginnen auch die Älteren wieder herumzutollen und kommen der Aufforderung zum Spiel gerne nach. Eine solche Spielaufforderung geht so vor sich, dass die Kleinen einen anderen Biber einfach anspringen. Funktioniert das nicht, kann es auch schon mal vorkommen, dass der andere in den Hintern gezwickt wird, bis er endlich mitspielt. Die Kleinen untereinander jagen sich natürlich auch durchs Wasser, drehen sich auf den Rücken und versuchen sich spielerisch gegenseitig unter Wasser zu tauchen. Wird es den großen Bibern irgendwann zu bunt, kneifen sie die Kleinen vorsichtig in den Hintern oder tauchen sie bewusst unter Wasser, um ihnen damit zu zeigen, dass es jetzt reicht.

Wenn wir uns mit der Wathose ins Wasser setzen, spielen die Kleinen mit uns genauso wie mit ihren Familienmitgliedern. Wir müssen sie nur kraulen, und sofort drehen sie sich bereitwillig auf den Rücken und versuchen mit ihren Pfoten unsere Hand wegzuschieben, drehen sich dann wieder zurück und tauchen ab, um uns bei nächster Gelegenheit von hinten anzustupsen. Jedes Mal sind wir wieder erstaunt, wie kräftig sie dabei sind. Die anderen Jungtiere lassen sich nur zu gern auf das Herumtollen ein, und schnell sitzen wir dann mitten in einem netten, sehr unterhaltsamen »Flohzirkus«.

Neben unseren Wathosen sind Baumstämme die beliebtesten Spielplätze für die Jungbiber. Sie klettern hinauf, tauchen drunter durch, beißen rein, versuchen alte Äste, Aststümpfe oder Borke abzunagen, schubsen ihre Geschwister runter, zwicken diese in Kelle und Hintern, tunken den anderen von oben unter die Wasseroberfläche, drehen sich auf den Rücken und schubsen den anderen weg oder platschen mit der Kelle, um alle zu erschrecken und durch den falschen Alarm zur Flucht anzustiften.

Es gibt nichts, was die Kerlchen an so einem Baum für das weitere Leben nicht lernen und üben könnten. Jedes Mal wieder gibt es etwas Neues zu beobachten und zu erleben. Und wir können uns daran gar nicht sattsehen.

Auch der Revierkampf wird spielerisch geübt. Dabei versuchen sich die jungen Biber entweder im Wasser liegend mit ihren offenen oder zu Fäusten geballten

Pfoten gegenseitig wegzuschieben, um den anderen in die Flucht zu schlagen. Oder sie stellen sich, wenn sie schon etwas älter sind, im seichten Uferbereich auf die Hinterbeine. Dann sieht das Ganze aus wie eine Mischung aus Ring- und Boxkampf. Nach wenigen Sekunden ist das Kräftemessen vorbei. Wäre es nicht Spiel, sondern – in ein paar Jahren – eine ernste Situation, dann wäre die nächste Eskalationsstufe der Einsatz ihrer messerscharfen Schneidezähne als Waffe, mit entsprechend gravierenden Folgen.

Nase-Nase – das Begrüßungsritual

Bei der Beobachtung der Biber sitzen wir eigentlich immer auf dem Boden. Stühle sind nur hinderlich, und weil wir damit größer wirken, machen sie es unnötig schwer, mit den Bibern in echten Kontakt zu kommen. Wenn wir jedoch auf dem Boden sitzen, klettern die Jungtiere gerne an den Stiefeln hoch, setzen sich auf unsere Oberschenkel, knabbern und schnuppern ein wenig umher und versuchen letztendlich immer, »Nase-Nase« mit uns zu machen.

Der Name sagt eigentlich alles: Sie klettern so weit wie möglich zu uns herauf und strecken sich in der Hoffnung, mit ihrer Nase unsere Nase berühren zu können. Nase-Nase ist das Begrüßungsritual von Bibern, mit dem sie die Familienzugehörigkeit untereinander überprüfen. Wir fühlen uns natürlich sehr geehrt, wenn es zu diesem Ritual kommt, sind aber zurückhaltend. Das hat nichts damit zu tun, dass es unangenehm für uns wäre: Die Nase eines Bibers ist behaart und höchstens ein bisschen feucht vom Wasser. Aber wir möchten vermeiden, dass wir die Kerlchen womöglich mit irgendetwas anstecken. Das könnten wir uns niemals verzeihen.

Biber und andere Tiere

Über die Beziehung zwischen Bibern und anderen Tierarten ist in der Allgemeinheit wenig bekannt, was sicher auch damit zusammenhängt, dass die wenigsten Menschen hierzulande schon jemals längerfristig frei lebende Biber beobachten konnten. Mehr noch – es herrschen allerlei falsche Vorstellungen, die von interessierter Seite zum Teil wider besseres Wissen genährt werden. Das gilt vor allem zum Verhältnis von Bibern und Fischen.

Deshalb sei es hier vorab schon mal in aller Deutlichkeit gesagt: Biber sind reine Vegetarier. Sie sind für ihre Ernährung nicht auf andere Tiere angewiesen, sie jagen nicht, und sie erbeuten auch keine Fische.

Im Gegenteil: Biber sind ausgesprochene Förderer der Artenvielfalt, weil sie Lebensräume für andere Tierarten (und übrigens auch Pflanzen) gestalten oder sogar erst erschließen.

Wir wollen hier von einigen solchen Beziehungen berichten, die wir selbst intensiv beobachten konnten. Später in diesem Kapitel soll aber auch von Begegnungen mit Tierarten die Rede sein, die wir am Rande unserer Biberbeobachtungen oder im Rahmen unseres Engagements im Tierschutz sonst so erlebt haben.

Begegnungen mit seltenen und bedrohten Tierarten, die den wenigsten Menschen vergönnt sind und die uns sehr dankbar machen.

Frühwarnsystem »Biber«

Es gibt viele Tierarten, die die bloße Anwesenheit von Bibern als Indikator für eine sichere, ungestörte Umgebung deuten. Das Besondere dabei ist: Dies gilt auch in unserer Gegenwart. Egal, ob Fischotter, Rehwild, Waldohreule, Bisamratten, Reiher, Eisvogel, Waldwasserläufer, Stockenten oder auch Fuchs: Obwohl wir offen und deutlich sichtbar am Ufer sitzen und uns – wenn auch langsam – bewegen, flüchten die Tiere nicht, solange die Biber ein entspanntes Verhalten zeigen. Oft sieht man den Tieren regelrecht an, dass sie quasi Fragezeichen in den Augen haben. Sie sehen und erkennen uns zweifellos als potenziell gefährliche Zweibeiner. Die Blicke wechseln dann geradezu ungläubig einige Male zwischen uns und den Bibern hin und her, bis fast immer die Entscheidung getroffen wird, zu bleiben. Zeigen die Biber Unsicherheit, wissen dies auch die anderen Tierarten zu deuten und verschwinden nach kurzer Zeit.

Diese Momente faszinieren uns immer wieder. Es ist schon eine große kognitive Leistung anderer Tierarten, nicht nur die anwesenden Biber z. B. von Bisamratten zuverlässig zu unterscheiden, sondern auch noch deren Verhalten interpretieren zu können.

Eisvögel sitzen regelmäßig in weniger als einem Meter Entfernung und fischen direkt und unbekümmert vor uns. Bewegen dürfen wir uns in solchen Momenten definitiv nicht, aber meist kündigen sich die Eisvögel vorab mit einem schrillen Pfeifen im Flug an, und dann halten wir einfach inne: Vielleicht landet der Vogel ja bei uns. Dieses Juwel ohne Versteck in Aktion beobachten zu können ist immer wieder sehr beeindruckend. Im Prinzip ähnlich spielt es sich mit fast allen Tierarten ab, die am und im Wasser leben. Das gilt sogar für den Fischotter, der uns zu unserer großen Freude seit zwei Jahren immer wieder einen Besuch abstattet.

Es war im Spätsommer, die kleinen Biber spielten vor uns im Uferbereich. Doch plötzlich lagen alle vier starr wie Baumstämme im Wasser, und wir wussten nicht, was los war. Es dauerte nicht lange, dann lugte unter ihrem Baumspielplatz ein Kopf hervor. Wir sahen ihn, schauten noch mal hin, konnten es nicht fassen: Es war ein junger Fischotter! Er musterte die kleinen Biber, bekam dann uns in den Blick, und schwupp, war er wieder abgetaucht.

Im Herbst, es war schon ziemlich dunkel, sahen wir ihn zum zweiten Mal. Diesmal waren sie sogar zu dritt, wir vermuteten eine Mutter mit ihren Jungen, aber sie trauten sich nicht so recht an uns vorbei. Wir beobachteten, wie sie immer wieder auftauchten, in unsere Richtung schauten, dann wieder abtauchten, bis sie uns schließlich tauchend passierten.

Nur zwei Wochen später die nächste Begegnung: Um uns herum saßen drei Biber, es war schon ziemlich dunkel, und wir dachten erst, da kommt der nächste Biber. Allerdings kletterte er auf den Spielplatzbaum und balancierte darüber, bis er einen Meter vor uns und den Bibern saß. Es war wieder einer der Fischotter. Mag sein, dass er sich gewundert hat: *Wer sind denn die? Das kann doch gar nicht sein, dass hier Biber und Mensch zusammensitzen, sind die Menschen denn nicht gefährlich?* Er war aber sehr neugierig, sprang ans Ufer, schlich noch zwei Mal hin und her und verschwand erst dann in der Dunkelheit.

Seitdem werden wir mehrmals jährlich auch von Fischottern besucht. Sie kommen allerdings nur näher, wenn die Biber bei uns sitzen. Offensichtlich nutzen sie die Biber als Warnsystem: Sind Biber da, ist es ungefährlich, wenn nicht, heißt es aufpassen.

Stockenten hingegen sind immer skeptisch und trauen dem vermeintlichen Frieden nicht wirklich. Sie fliegen zwar nicht weg und beginnen auch nicht zu schnattern, drehen jedoch lieber wieder ab und schwimmen zurück.

Ein weiterer Punkt ist natürlich, dass einige Tierarten durch unsere regelmäßige Anwesenheit gelernt haben, dass wir ungefährlich sind, und daher nahezu keine Scheu mehr vor uns zeigen. Das gilt insbesondere für die Rehe. Wenn wir mit ihnen genauso wie mit den Bibern reden, stehen sie beim Wiederkäuen unseretwegen schon gar nicht mehr auf. Kitze werden direkt vor uns gesäugt, während die Alte uns in die Augen schaut, und sogar ein Rehbock zeigt sich von uns wenig beeindruckt. Einer seiner Schlafplätze liegt direkt bei uns im Ufergebüsch. Wenn ihn die Müdigkeit überkommt, kennt er keine Scheu mehr. Entweder schläft er dort einfach ungestört weiter, oder aber er schleicht hinter uns vorbei und legt sich für ein Nickerchen hin. Den Kopf hebt er unseretwegen schon lange nicht mehr, doch an seinen sich bewegenden Ohren, die bei jedem

Mucks zu uns gerichtet werden, ist offensichtlich, dass er uns sehr wohl zur Kenntnis genommen hat. Wenn er dann ausgeschlafen hat, steht er einfach auf und geht wieder seiner Wege, ohne wegzulaufen und ohne zu bellen. (Ja, Rehe bellen, wenn sie sich erschrecken. Wer es zum ersten Mal hört, denkt, es wäre ein heiserer Hund in der Nähe.)

Ab und zu sind sich die Rehe nicht ganz sicher, ob wir es sind. Dann gehen sie vielleicht ein paar Meter weg und drehen eine kleine Runde. Erst gestern hat sich das so abgespielt. Natürlich blieben wir einfach stehen und redeten mit den Tieren. Bevor wir uns versahen, kamen Geiß und Bock direkt auf ein bis zwei Meter zu uns her und schauten uns mit ihren großen Kulleraugen an, um dann langsam davonzutrotten. Seit Jahren warnt oder ruft keines der hiesigen Rehe mehr wegen uns. Je länger wir diesen Ort besuchen, desto mehr haben wir den Eindruck, es spricht sich irgendwie in der Tierwelt herum, dass wir einfach harmlose Spinner sind. Es ist wirklich unglaublich, so viel Vertrauen von wild lebenden Tieren erleben zu dürfen. Dies geschieht alles aus freien Stücken, ohne Zwang, ohne Futter oder Ähnliches. In diesem Zusammenhang ist auch zu erwähnen, dass wir über all die Jahre hinweg unbewusst gelernt haben, Situationen und das Verhalten verschiedenster Tierarten feinfühlig einzuschätzen, zu interpretieren und auch vorherzusagen. Natürlich passen wir unser Verhalten dementsprechend an.

Biber als Naturschützer

Biber gestalten aktiv die Umwelt. Schon deshalb ist ihre Wiederansiedlung der größte Glücksfall in Sachen Natur- und Artenschutz der letzten Jahrzehnte. Biber schaffen neue, sehr abwechslungsreiche Lebensräume, verändern Strömungsverhältnisse, schaffen Teiche, erhöhen den Grundwasserspiegel, sorgen für eine verbesserte Wasserversorgung in Trocken- und Dürrezeiten. Sie betreiben Klimaschutz, weil sich durch die erhöhten Grundwasserspiegel ehemalige Hoch- und Niedermoore weniger stark in CO_2/Lachgas und Methan zersetzen, sorgen für eine gute Abwechslung von tieferen und flacheren Gewässerabschnitten, für veränderte Temperaturprofile und verbesserte Laich- und Fortpflanzungsbedingungen für Amphibien, Fische, Insekten, Vögel, Säugetiere. Jungfische finden im Bibergewässer verbesserte Möglichkeiten, sich zu verstecken.

Biber lichten Uferbestände aus, sorgen für kräftigere Bäume und Gehölze, klären unsere verschmutzten Gewässer, schaffen neue fruchtbare Böden und betreiben auch noch Hochwasserschutz für uns.

Zahlreiche Tier- und Pflanzenarten profitieren von den Bibern als Landschaftsgestaltern. Die meisten davon stehen sogar auf der Roten Liste oder sind nach FFH-Anhang geschützt. Meist nimmt die Population dieser Arten aufgrund verbesserter Fortpflanzungs-, Nahrungs- und/oder Lebensbedingungen zu, sobald die Biber tätig werden, und so tauchen häufig »verschwundene« Arten plötzlich in den von Bibern geschaffenen Teichen und deren Umgebung wieder auf.

Wer also vom Schutz der Biber spricht, meint damit nie nur die Biber an sich, sondern vor allem auch die unzähligen Tier- und Pflanzenarten, die nachweislich von den durch Biber geschaffenen Lebensräumen profitieren.

Amphibien und Reptilien

Die Anzahl von Amphibien ist in Biberteichen teilweise um mehr als den Faktor drei bis fünf höher als in anderen Gewässern. Alle Amphibien sind streng geschützt, und trotzdem sind die Bestandszahlen bis heute rückläufig. Der Biber hilft uns mit seiner Arbeit kostenlos, diese wunderbaren Tiere zu erhalten bzw. sogar wieder anzusiedeln.

Auch alle unsere heimischen Reptilien, egal ob Schlangen oder Eidechsen, sind in ihren Populationen rückläufig. Doch wo die Biber leben, dauert es nicht lange, bis sich mit den Amphibien und Fischen auch die Reptilien wieder ausbreiten. Hier sind insbesondere Ringelnatter, Kreuzotter, Blindschleiche sowie Zaun- und Waldeidechse zu nennen. Auch hier leisten die Biber einen wichtigen Beitrag zum Artenerhalt.

Insekten

Die Nahrungs-, Fortpflanzungs- und Lebensbedingungen für Insekten verbessern sich in einer von Bibern gestalteten Landschaft ebenfalls, sodass sich viele seltene und auch vom Aussterben bedrohte Insektenarten wieder ansiedeln, z. B. Libellen, Ameisen, Käfer, Zikaden, Schmetterlinge, deren Raupen und Larven, aber natürlich auch Weichtiere wie Land- und Wasserschnecken. Gerade in unserer Zeit, wo durch den verantwortungs- und maßlosen Einsatz von Pestiziden in der Landwirtschaft ein massives Insektensterben verursacht wird, können wir dem Biber dankbar sein, dass er neue Biotope schafft, in denen sich die verschiedensten Insektenarten wieder ansiedeln und vermehren können.

Fledermäuse

Fledermäuse sind streng geschützt; ihre Population ist gerade in den Siebzigerjahren deutlich gesunken, vor allem verursacht durch Umweltgifte. Es gibt in Europa 45 und in Deutschland 27 verschiedene Arten; 23 davon kommen in Bayern vor. Heute sinken die Populationszahlen selbst bei weitverbreiteten Arten wie der Zwergfledermaus aus noch nicht geklärten Gründen: eine sehr besorgniserregende Entwicklung. Jedes Jahr werden etwa 200 000 Fledermäuse durch Windenergieanlagen in Deutschland getötet (was eigentlich bei jedem einzelnen Exemplar einer streng geschützten Tierart einen Straftatbestand darstellt). Meist sterben die Tiere durch den Unterdruck an den enormen Wirbelschleppen der Windräder: Beim Durchfliegen der Wirbelschleppen zerreißt die Lunge.

Hinzu kommen eigentlich positive Entwicklungen wie die energetische Sanierung von Gebäuden. Leider führen diese Maßnahmen auch dazu, dass sämtliche Spalten an Gebäuden verschlossen werden, sodass den Fledermäusen die Quartiere verloren gehen. Gleichzeitig verschwinden Totholzbestände, und auch die

Insekten, Nahrungsgrundlage der Fledermäuse, werden durch den übermäßigen Einsatz von »Pflanzenschutzmitteln« in der Landwirtschaft immer weniger.

Wo der Biber als Landschaftsgestalter tätig wird, profitieren Fledermäuse von den hohen Insektenvorkommen und auch den Totholzbeständen mit den dazugehörigen Baumhöhlen. In den strukturreichen, aufgelichteten Habitaten des Bibers, die neue Lebensräume bieten, jagen viele Fledermäuse, z. B. Langohren, Zwerg-, Rauhaut-, Mücken-, Wasser- und Teichfledermaus.

Der Erhalt der Fledermäuse ist wiederum von großem Nutzen für Menschen und Landwirtschaft. So fängt eine einzige Zwergfledermaus pro Nacht Hunderte Mücken, und erst kürzlich wurde in einer Studie festgestellt, dass die Fledermäuse durch das Fangen von Insekten mehr als eine Milliarde Dollar an landwirtschaftlichen Schäden verhindern. Nicht nur, weil sie Insekten wegfangen, sondern vor allem, weil die Insekten dann daran gehindert werden, schädliche Pilzerkrankungen zu verbreiten.

Vögel

Gerade die Artenvielfalt unter den Vögeln, die sich in den neuen Habitaten ansiedeln, ist beeindruckend. Eisvogel, Weißstorch, Reiher, Watvögel, Spechte, aber auch Wasservögel wie Enten und Blässhühner und schließlich die schilfbewohnenden Arten wie Blaukehlchen oder Schilfrohrsänger sind hier vor allem zu nennen. Ja, selbst Eulenarten wie z. B. der Uhu suchen die Nähe zum Wasser, um Jagd auf Wasservögel zu machen.

Und insbesondere die Rückkehr des Schwarzstorches in Deutschland wird auf die Biberteiche und die Wiederansiedlung der Biber zurückgeführt.

Pflanzen und Pilze

Übrigens sind es nicht nur die Tiere, die von der Wiederansiedlung des Bibers profitieren. Auch viele Pflanzenarten gehören zu den Nutznießern. Neue Pionierpflanzen erschließen sich die vom Biber umgestalteten Gebiete sofort. Röhrichte, Schilf, Gräser und Kräuter siedeln sich an. An den Ufern führt die Auflichtung zur Ausbreitung neuer Arten, die dafür sorgen, dass wieder echte Auwälder sich bilden. Mit der Zeit entsteht auch dichtes Gestrüpp und Gehölz, das dann wiederum zahlreichen Tierarten wie z. B. den Haselmäusen einen Lebensraum bietet.

Pilze profitieren in erster Linie von den Totholzbeständen, die die Biber schaffen. Im Laufe der Zeit werden auch vom Biber nicht direkt gefällte, aber stark beschädigte Bäume nicht überleben, werden morsch, fallen um und werden von zahlreichen Pilzen und Moosen überwuchert und zersetzt. Diejenigen Bereiche der Biberteiche, die nur teilweise oder gelegentlich vernässt bzw. überschwemmt werden, bieten heimischen Orchideen einen Lebensraum.

Wenn der Biber in einem Gebiet irgendwann nicht mehr genug Nahrung findet, wird er sich ein neues Revier suchen. Er wandert ab, die Biberdämme werden nicht mehr gepflegt und unterhalten und können ihre Funktion nicht mehr erfüllen. Das heißt, die Biberteiche werden wieder trockenfallen. Dann entstehen die sogenannten Biberwiesen. Diese sind außerordentlich fruchtbar und mit der Zeit wächst darauf eine sehr hohe Vielfalt an Kräutern, Gräsern und später auch Gebüschen.

Biber und Ratten

Seit vielen Jahren können wir eine ganz spezielle Beziehung beobachten, und doch müssen wir zugeben, dass wir sie immer noch nicht ganz verstanden haben: Biber und Bisamratten bilden offenbar eine relativ einseitige Zweckgemeinschaft – zum Vorteil der Bisamratten. Diese werden inklusive Nachwuchs von den Bibern sogar als Untermieter im Bau geduldet. Sie stibitzen auch regelmäßig kleine Zweige von Ästen, die sich ein Biber geholt hat. Dabei sind sie sogar so dreist, dass sie sich den Bibern bis auf wenige Zentimeter nähern. Sie sind absolute Nutznießer. Wir konnten schon oft beobachten, wie Bisamratten abwarteten, bis die Biber mit einem Ast kamen, um sich dann frech daran zu bedienen.

Nur sehr selten verscheuchen Biber die Bisamratten mittels Scheinattacken. Kleine Biber fühlen sich jedoch eher unwohl in der Gegenwart der Bisams. Gerade bei den ersten Ausflügen sind die Größenunterschiede zwischen beiden ja gar nicht so erheblich. Nachdem die kleinen Biber noch eher schreckhaft sind, nehmen sie vor einer frechen Bisamratte schon einmal schnell Reißaus.

Um die aufdringlichsten Bisamratten ein wenig auf Abstand zu halten, haben wir uns angewöhnt, einen

Haselnussast griffbereit zu haben. Mit dem können wir die Bisamratte vorsichtig zur Seite »schieben« nach dem Motto: Bis hierhin und nicht weiter. Der Ast liegt normalerweise einfach neben uns, bis wir ihn brauchen.

Eine ganz ausgebuffte Bisamratte wartete ab, bis ich mit einem Biber beschäftigt war, schlich sich dann an, schnappte sich den Ast und schwupps, war sie damit verschwunden. Danach konnte sie endlich wieder völlig ungeniert in unserem Fotorucksack herumstöbern. Man muss sich nur zu helfen wissen …

Gerade im Frühjahr und Herbst ziehen auch Wanderratten verstärkt umher. Sie werden aber von den Bibern nur bedingt geduldet. Überschreitet eine Wanderratte die Duldungsdistanz von etwa 2 Metern, wird sie umgehend durch Fauchen und Scheinangriffe verscheucht und ferngehalten.

Warum die Biber so stark zwischen ihren näheren Verwandten differenzieren, konnten wir noch nicht herausfinden. Wie sich das Verhältnis zu Nutrias gestaltet, wissen wir nicht, denn diese, auch »Biberratte« genannte Tierart, die aus Südamerika stammt und in Europa eigentlich nicht heimisch ist, kommt in unserem Beobachtungsgebiet noch nicht vor.

Meine kleine Freundin

Bisamratten haben etwa zwei bis drei Mal jährlich Nachwuchs. Dass es wieder mal so weit ist, erkennt man daran, dass das Muttertier im großen Stil Gras in den Bau einträgt: ein sehr unterhaltsames Schauspiel. Eines Tages trauten sich die jungen Bisamratten dann heraus, und siehe da, sie besuchten uns. Sie sehen wirklich sehr niedlich aus: klein, knuffig, ein wunderbar weiches Pelzchen, das nur aus Unterwolle besteht und noch keine Grannenhaare hat. Die Bisamratte ist keine Rattenart, sondern gehört zur Gruppe der Wühlmäuse, ist daher nicht so intelligent und lernfähig wie Ratten allgemein. Ab und zu sind sie unterhaltsam und neugierig, sie können aber auch schnell etwas lästig werden.

Ich lag wieder einmal flach auf dem Boden und wollte in der tiefsten Perspektive einen Biber fotografieren, wie er über die Uferböschung lugte. Plötzlich kam eine kleine Bisamratte zu mir hoch; ich entdeckte sie erst, als sie direkt in mein Objektiv reinschaute. So schnell konnte ich gar nicht reagieren, schon war sie direkt neben meinem Kopf und machte Männchen. Der Anblick war so witzig, dass ich vor Lachen fast Bauchweh bekam. Wir standen uns praktisch Auge in Auge gegenüber, und sie war so nah, dass ich das Bild im Objektiv fast nicht mehr scharf stellen konnte.

Offensichtlich war das kleine Monster direkt aus einem Zeichentrickfilm entsprungen. Sie hatte kurze Stummelbeinchen, wackelte darauf tapsig herum, hatte für ihre Größe einen riesengroßen Kugelbauch, große Glupschaugen und »wunderschöne« Zähne. Neugierig schaute sie mich an, aber der Blick offenbarte schon, dass sie irgendetwas im Schilde führte.

Mir war das ehrlich gesagt zu nah. Auf Zureden reagierte sie kaum, also habe ich sie leicht angepustet. Das zeigte aber nur ein paar Mal Wirkung. Irgendwann stupste ich sie an, erfolglos, dann bekam sie einen kleinen Schnack, und weg war sie. Allerdings nur für ein paar Minuten: Egal, welche Abwehrmaßnahmen ich ergriff, sie kam immer wieder, immer näher, und ehe ich mich versah, hatte sie – nicht zum ersten Mal – in den gummierten Kameragurt gebissen und versuchte mit aller Kraft, mir diesen samt Kamera zu entreißen.

Ich konnte es kaum glauben! Allein schon die Kamera war erheblich größer als das Kerlchen, aber sie ließ sich partout nicht davon abbringen, so »heiß« war sie auf diesen Kameragurt. So etwas hatte ich noch nie erlebt. Selbst wenn ich sie kurz verscheuchen konnte, fand sie blitzschnell wieder eine Möglichkeit, von irgendeiner Seite wie ein geölter Blitz über den Gurt herzufallen, um wie wahnsinnig daran zu zerren und zu reißen. Es war ein sehr spaßiger Nachmittag, wir konnten uns der kleinen zudringlichen Bisamratte kaum erwehren.

Dieses Erlebnis war schon sehr speziell. Jedes Mal, wenn wir eine kleine Bisamratte sehen, müssen wir an diese Szenen zurückdenken. Das Schauspiel wiederholte sich die nächsten zwei Tage immer wieder, dann hatte die Alte die Jungen aus dem Revier vertrieben, da sie wieder trächtig war. Schade irgendwie, meine »kleine Freundin« wäre sicher noch sehr unterhaltsam gewesen.

Untermieter und Nutznießer

Biberburgen und Biberdämme sind bei Mauswieseln und Mardern sehr beliebt. Die Astburgen bieten interessante und sichere Lebensräume für einige Mausarten, Insekten, Bisamratten (wie schon erwähnt) und Co. Natürlich entgeht das umherstreifenden Mauswieseln und Mardern nicht, und diese suchen daher regelmäßig die

Astburgen nach Beute ab und klettern zwischen den Hohlräumen der Äste umher. Meist erscheinen sie nach einiger Zeit wieder, mit einer erbeuteten Maus im Maul.

In einem Jahr hatte ein Steinmarderweibchen die Astburg vorübergehend als Unterschlupf für ihre Familie auserkoren. Dies blieb von uns lange Zeit unentdeckt, bis irgendwann die drei kleinen Marder nicht mehr zu bändigen waren und auf Entdeckungsreise außerhalb der Asthaufens gingen. Die Kerlchen konnten keine Sekunde stillhalten, krochen irgendwo hinein, und ehe man sich versah, kamen sie an einer völlig anderen Stelle wieder heraus. Man konnte dem Gewusel kaum folgen, so schnell und geschickt waren die kleinen Marder unterwegs. Ihre Hauptbeschäftigung bestand darin, ihre Geschwister zu jagen und herumzubalgen.

Wenn das Weibchen mit einer erbeuteten Maus zurückkam, rauften die Jungen darum in ruppiger Mardermanier. Ihr Fauchen war deutlich zu hören, und es wurde alles an hinterhältigen Tricks unternommen, um die Maus den anderen Geschwistern wieder abzujagen.

Am späten Abend lud die Alte ihren Nachwuchs dann zum Familienausflug ein. Ein einziges Hüpfen, Springen und Herumwuseln! Bedauerlicherweise war nach ein paar Tagen Familie Marder offenbar unbekannt verzogen. Schade für uns, aber die Biber waren vermutlich froh, dass wieder Ruhe eingekehrt war im Obergeschoss ihrer Biberburg.

Auch die Biberdämme werden von vielen Tieren gerne genutzt, meist als Abkürzung, um bequem die andere Gewässerseite zu erreichen. Ohne den Damm müssten sie schwimmen, um das Gewässer zu queren, oder oft einen großen Umweg in Kauf nehmen, um beispielsweise über eine Brücke die andere Uferseite zu erreichen. Egal ob Reh, Marder, Hase, Fuchs, Dachs, Wiesel, Eichhörnchen oder Mäuschen: Alle »Fußgänger« nutzen bereitwillig das Biberbauwerk.

Einer der großen Vorteile ist auch, dass dies ein reiner Tierwechsel ist; es besteht eigentlich kein Risiko, dort einen Menschen anzutreffen, und weil die Dämme oft sehr abgelegen sind, können sie zu jeder Tages- und Nachtzeit genutzt werden. Bequemer und sicherer geht es kaum.

Eines Tages beobachteten wir ganz in der Nähe einen Eisvogel und standen etwas versteckt hinter einem Baum. Da hüpfte plötzlich ein Mauswiesel geschwind über den Biberdamm, direkt in unsere Richtung. Es war so beschäftigt mit irgendwelchen interessanten Gerüchen am Boden, dass es uns komplett übersehen hatte. Am Ufer im hohen Gras angekommen, war es so gut wie verschwunden. Nur wenn es Männchen machte oder hüpfte, war es kurz zu erkennen. Es hielt Kurs auf uns und kam immer näher. Erst als es unsere Schuhe direkt vor der Nase hatte, schaute es zu uns hoch und nahm dann so schnell es ging Reißaus.

Es ist immer sehr schön, die kleinen agilen und unheimlich aufgeweckten Wirbelwinde zu beobachten. Eigentlich sind sie gar nicht scheu, ganz im Gegenteil, aber eben sehr heimlich. Jedes Mal wieder sind wir fasziniert, wie die Kerlchen mit ihren kurzen Beinchen so unheimlich schnell laufen können.

Biber, Fische & Co.

Es gibt, wie zu Beginn dieses Kapitels schon angedeutet, noch ein weiteres sehr spezielles Thema: Biber und Fische. In zahlreichen Studien wurde zweifelsfrei belegt, dass vor allem Fische von der Anwesenheit der Biber profitieren. Aufgrund der strukturreichen neuen Lebensräume in Biberteichen gibt es sowohl mehr Fischarten als auch eine um bis zum Faktor 80 höhere Fischpopulation.

Dies ist vor allem der Tatsache geschuldet, dass sich die Nahrungs-, Fortpflanzungs- und Lebensbedingungen für die Fische durch die Biber deutlich verbessern. So gibt es beispielsweise mehr Verstecke für Jungfische, mehr Nahrung und bessere Laichmöglichkeiten.

Die größten direkten Vorteile aus der Anwesenheit der Biber ziehen also Fischer, die sich zumindest langfristig über eine wesentlich höhere Fischpopulation in ihrem Revier freuen dürfen. Nur leider: Diesen Tatsachen zum Trotz hält sich immer noch hartnäckig das Gerücht, dass Biber Fische, Krebse und Muscheln fressen. Es handelt sich dabei um ein absolutes Ammenmärchen oder besser gesagt Anglerlatein. Denn wie gesagt: Biber sind zu 100 Prozent reine Vegetarier.

Vor allem von Fischern im fortgeschrittenen Alter werden wir immer wieder darauf angesprochen. Wobei das sehr zurückhaltend formuliert ist, denn die Penetranz und Lautstärke, mit der diese Männer (und ja, es sind im Wesentlichen ältere Männer) zum Teil an diesen falschen Behauptungen festhalten, ist schon fast erschreckend.

Dabei ist die Angst vor dem Biber als Konkurrenten

vollkommen unbegründet. Vermutlich haben auch die wenigsten Fischer jemals einen Biber zu Gesicht bekommen. Aus jahrelanger Erfahrung können wir sagen: Den Bibern ist die Anwesenheit von Fischen eher unangenehm. Umkehrt sollte den Fischen die Anwesenheit der Biber entweder egal oder sogar herzlich willkommen sein.

In unserem Gewässer tummeln sich zahllose kleine Krebstiere, das Futter vieler Fische. Seit einigen Jahren finden sich dort, wo sich Biber angesiedelt haben, plötzlich wieder Fischarten wie der Döbel (auch Aitel oder Eitel genannt) ein. Mit 30 bis 50 Zentimetern Größe sind das ganz ordentliche Exemplare. Sie schwimmen zwischen den Bibern umher und auch unter ihnen hindurch, um sich die kleinen Krebstiere aus dem von den Bibern aufgewirbelten Sand und Schlamm zu schnappen. So sind zu Spitzenzeiten manchmal drei bis sechs Biber und bis zu acht Aitel auf einer Fläche von 3 Quadratmetern gleichzeitig anwesend.

Natürlich kreuzen sich ständig die Wege von Aitel und Biber, und es kommt regelmäßig zu unbeabsichtigten Zusammenstößen beider Tierarten. Dabei sind uns auch einige außergewöhnliche Fotos gelungen. Diese erwecken teils den Eindruck, als würden sich Fisch und Biber »küssen«, aber weit gefehlt: Wenn einer der kleinen Biber erschrickt oder mit einem anderen spielt, nehmen anwesende Fische wie die Aitel Reißaus. So stieß beispielsweise einer der Aitel bei der Flucht mit einem im Wasser sitzenden erwachsenen Biber zusammen: Dumm gelaufen, aber ein absolut harmloses Ereignis für beide.

Was biologische Studien nachweisen, können wir aus

unseren Beobachtungen bestätigen: An dem Anglerlatein ist nichts dran. Biber tolerieren die Fische, geben sich absolut friedlich und stellen den Fischen in keiner Art und Weise nach. Vom Jagen oder gar Fressen der Fische kann überhaupt keine Rede sein. Eher fühlen sich die Biber von den Fischen gelegentlich bedrängt oder beunruhigt. Die ständigen Wellen und die doch relativ großen herumschwimmenden Fische bringen die Biber häufig dazu, dass sie sich zurückziehen, da ihnen die Situation nicht behagt. Vor allem kleine Biber haben anfangs mit dem großen Aitel Probleme. Oft schwimmen sie verunsichert weg, da sie die Gegenwart der Fische in unmittelbarer Nähe zwar deutlich spüren, diese aber nicht sehen können.

Doch auch andere Wassertiere scheinen von der Anwesenheit der Biber zu profitieren. Im Hochsommer, wenn die erwachsenen Biber Weiden an den Fressplatz bringen und diese dort länger im Wasser liegen, besucht uns immer wieder, aber nur für etwa eine Woche, ein kapitaler Flusskrebs. Wir nennen ihn »Hansi«. Hansi ist handtellergroß und hat beeindruckende Zangen (an diese muss ich immer denken, wenn ich wieder einmal halb nackt im Wasser unterwegs bin). Er ist sehr vorsichtig und empfindlich, was Bewegungen außerhalb des Wassers betrifft, nähert sich aber im seichten Uferbereich auf etwa einen Meter. Bei Gefahr verschwindet er sofort wieder mit wenigen Ruderschlägen seines Schwanzes ins tiefe Wasser.

Wir waren anfangs genauso überrascht wie neugierig, schließlich hatten wir hier noch nie einen richtigen Krebs gesehen, nur die kleinen Krebstierchen im Schlamm. Also versuchten wir herauszufinden, warum uns plötzlich ein Krebs mit seiner Anwesenheit beehrte. Die Antwort ist einfach: Offensichtlich riecht bzw. schmeckt Hansi die frischen Weiden, die unsere Biber am Fressplatz im Wasser abgelegt haben, und wann immer die Gelegenheit passt, macht er sich darüber her. Wenn das Wasser sehr ruhig ist, sieht man, wie er sich mit seinen Scheren an den Weidenblättern zu schaffen macht. Ist es ihm zu unruhig, versucht er, ein kleines Ästchen mit ein paar Blättern abzuzwicken, um damit ins tiefe Wasser zu verschwinden.

Solche Begegnungen sind für uns ein echter Bonus bei unseren Beobachtungen der Biber. Warum sich hartnäckig falsche Gerüchte über das Verhältnis zwischen Bibern und Wassertieren halten können, bleibt uns ein Rätsel. Vielleicht ist es einfach so, dass die Dummheit nicht auszurotten ist. Vielleicht sind diese Gerüchte aber auch in erster Linie nützlich, wenn es darum geht, den Biber als »Schädling« hinzustellen.

Allerlei Begegnungen rund um die Biberburg

Da die Burg unserer Biber ziemlich versteckt liegt, gehen wir auf dem Weg dorthin ein ganzes Stück durch den Wald. Immer wieder begeistert uns, wie viele spannende Begegnungen mit Wildtieren sich daraus ergeben. Auch während wir am Treffpunkt sitzen, kommt es zu Begegnungen, die nur möglich sind, weil wir viel Zeit und Geduld für unsere Tierbeobachtungen mitbringen.

Leidensgenossen – auf allen vieren im Wald unterwegs

Wir versuchen stets, möglichst ungesehen zu unserem Bibertreffpunkt zu gelangen, was aber nicht immer gelingt wie geplant. Einmal, wir waren schon auf dem Weg durch den Wald, hörten wir plötzlich ein Räuspern und das Knacken von Ästen irgendwo vor uns. Also schnell weg vom Weg und rein ins Gebüsch. Es war ein älterer Bauer, der seinen Wald inspizierte. Wie jedes Jahr führte er die Verbissbeschau vor dem offiziellen Termin mit dem Jäger durch. Dagegen ist auch gar nichts zu sagen, nur dummerweise läuft er dabei mehr oder weniger chaotisch durch den ganzen Wald. Dadurch trieb er uns quasi vor sich her – in gehörigem Abstand, denn er ist definitiv kein Biberfreund: Je weniger er weiß, desto besser.

Der Wald hat viel dichtes Unterholz und Gebüsch, teilweise kommt man nur auf allen vieren durch. Wir konzentrierten uns also darauf, uns zu verstecken, um uns dann ungesehen aus dem Staub machen zu können. Möglichst ohne knackende Äste und so weit als möglich immer den Bauern im Blick. Gar nicht so einfach.

Zu unserer großen Überraschung waren wir mit dem Problem nicht allein, es gab noch einen Leidensgenossen. Während wir im »Allradantrieb« durch das dichte Gebüsch krabbelten, stand plötzlich ein Reh neben uns und sah uns, wie wir uns gern einbilden wollten, leicht mitleidig an. Wir hatten das Tier bis zu diesem Moment gar nicht bemerkt, so heimlich war es unterwegs. Es setzte jeden Schritt in Zeitlupe, kontrolliert und mit Bedacht. Wir dachten schon, Mist, wenn das Reh jetzt erschrickt und bellt, haben wir ein Problem. Es war uns eigentlich vollkommen klar, dass dies jede Sekunde passieren musste. Zu extrem war unsere Begegnung, der Abstand viel zu gering, wir hätten das Reh fast streicheln können. Aber es sah uns nur mit seinen wunderschönen großen Knopfaugen an, als würde es uns fragen: »Na, müsst ihr euch auch vor dem Bauern verstecken?«

Was dann folgte, ist schwer zu beschreiben; es war eine wirklich absolut skurrile und außergewöhnliche Situation. Wir wechselten ein paar Blicke mit dem Reh, und es schien, als hätten wir damit zwischen uns wortlos alles gesagt und geregelt. Das Reh erkannte offensichtlich, dass wir in der gleichen misslichen Lage waren wie es selbst. Es senkte wieder seinen Kopf und pirschte weiter durch das Dickicht. Von unserer Anwesenheit zeigte es sich nicht im Geringsten gestört, lief nicht davon und bellte auch nicht. Auch wir hatten nicht viel Zeit zu verlieren, und so krabbelten wir die nächsten Meter parallel zu dem Reh davon, bis sich ein paar Minuten später unsere Wege trennten.

Dazu muss man sagen, vermutlich kannte uns das Reh schon seit Jahren. Es hat uns wahrscheinlich unzählige Male beobachtet und dabei gelernt, dass von uns keine Gefahr ausgeht. Dennoch war diese Begegnung faszinierend. Was im Kopf des Rehs vor sich ging, werden wir natürlich nie herausfinden. Aber so viel ist sicher: Wir unterschätzen unsere Mitgeschöpfe in jeder Hinsicht und vollkommen zu Unrecht. In Momenten wie diesen wird uns bewusst, dass Wildtiere erheblich intelligenter, smarter und mitfühlender sind, als wir uns das überhaupt vorstellen können. Von der kognitiven Leistung ganz zu schweigen.

Wenn wir abends bei unseren Bibern verweilen, sind wir uns sehr sicher, dass wir von vielen tierischen Augenpaaren beobachtet werden. Manchmal fühlt man es geradezu, doch trotz aller Technik können wir die Beobachter nur selten wirklich identifizieren.

Der Bauchplatscher – unrühmliches Ende einer akrobatischen Showeinlage

Regelmäßig können wir auch Eichhörnchen beobachten, wunderschöne fuchsrote und dunkelbraune Kerlchen. Vom emsigen Treiben dieser nahen Verwandten zu unseren Bibern sind wir immer sehr begeistert. Insbesondere, wenn sie sich ringsum einen Baumstamm hoch und runter jagen, dabei laut keckern und schimpfen und vor lauter Aufregung ihren buschigen Schwanz aufstellen und nervös damit wedeln.

Das Gewässer verengt sich an einigen Stellen auf etwa 10 Meter. Eigentlich sind die Eichhörnchen selbst dort nicht in der Lage, auf die andere Uferseite zu gelangen. Aber schlau wie sie sind, haben sie eine Stelle gefunden, an der die Äste sich gegenüberstehender Bäume so weit über das Wasser ragen, dass sie nur noch eine Distanz von etwa 2 Metern überwinden müssen. Sie sind ja in der Lage, unheimlich weite Sprünge aus dem Stand zu machen, und so hat eines der fuchsroten Eichhörnchen gelernt, dass es hier queren kann, um eine Eiche auf der anderen Seite zu erreichen.

Die Sache hat nur einen Haken: Die Äste sind weit ausladend und somit zu den Astenden hin ziemlich dünn. Beim Absprung geben sie besorgniserregend nach.

Die Stelle ist nur etwa 10 Meter von unserem Bibertreffplatz entfernt, und so wurde uns mehrfach am Abend ein echtes artistisches Kunststück vorgeführt. Praktischer Weise verriet sich das Eichhörnchen vorher durch die wackelnden Äste. Anfangs war es noch etwas scheu und sehr vorsichtig. Mit einem keckernden Ruf und nervös aufgestelltem, wackelndem Schwanz schimpfte es uns immer aus, wenn es über einen der Äste fast bis zur Spitze hinausgeklettert war. Es lernte jedoch sehr schnell, dass von uns keine Gefahr ausging, und hüpfte von da an, ohne von uns Notiz zu nehmen, über die Äste zu der Eiche. Wenig später kam es dann mit prall gefülltem Mäulchen und dicken Hamsterbacken wieder zurück und brachte die Eicheln in eins seiner Winterverstecke im Wald.

Nun, es kam, wie es irgendwann kommen musste. Das Eichhörnchen wollte wieder zu uns herüberspringen, kletterte bis zur Astspitze, peilte die andere Seite hoch konzentriert an, setzte beherzt zum großen Sprung an, streckte sich im Flug ganz lang – und verpasste den Ast auf der anderen Seite, sodass es mit einem Wahnsinns-Bauchplatscher aus etwa 3 Metern Höhe ins Wasser plumpste.

Diese Szene werden wir nie vergessen, das Wasser spritzte nur so. Total erschrocken und leicht panisch ruderte das Eichhörnchen an unser Ufer, kletterte die Uferböschung hoch und setzte sich ein paar Meter von uns entfernt auf einen Baumstamm, um erst einmal den Schock zu verdauen. Was für ein erbärmlicher Anblick! Von dem sonst so plüschigen Fell war nichts mehr übrig. Das Eichhörnchen glich eher einer gebadeten Maus, es triefte vor Wasser, der sonst so buschige Schwanz war nur noch ein dünnes Steckerl, die Augen waren weit aufgerissen, es atmete sehr schnell und zitterte am ganzen Körper. Wir schwankten zwischen schallendem Gelächter und ehrlichem Mitleid mit dem kleinen Bruchpiloten. Der Anblick und die Szene waren absolut unvergesslich.

Nach ein paar Minuten Verschnaufpause machte sich das Eichhörnchen wieder auf den Weg in den Wald, um die dicken Backen mit den Eicheln zu leeren. Offensichtlich hatte es für diesen Abend aber genug und zeigte sich nicht mehr. Die Zurückhaltung hielt jedoch nicht lange an; schon am nächsten Tag konnten wir die spektakulären Sprungeinlagen wieder genießen. Seitdem müssen wir immer an dieses Erlebnis denken, wenn wir ein Eichhörnchen beobachten, natürlich mit einem breiten Lächeln im Gesicht.

Knopfaugen – ein unerwarteter Besuch

Wenn man sich so lange ruhig in die Natur setzt, wie wir das tun, gibt es immer viel zu beobachten; es wird nie langweilig. Häufig werden wir von Mäusen jeglicher Art besucht. Mal huschen die netten Waldmäuse mit der hübschen hellen Bauchunterseite und den riesigen dunklen Kulleraugen in unserer Nähe herum. Mal sind es winzige Spitzmäuse, die ruhelos auf Nahrungssuche unterwegs sind und sich vorher schon immer lautstark mit ihrem Geplapper ankündigen. Sie wuseln permanent herum, halten wirklich keine Sekunde still und erfreuen uns fast täglich mit ihrer Anwesenheit.

Eines Tages jedoch vernahm ich ein leichtes Rascheln irgendwo schräg hinter uns, ein kleiner Zweig wackelte nervös herum, doch von dem Verursacher sah ich absolut nichts. Das wiederholte sich ein paar Mal, und dann sah ich sie doch: eine kleine, junge Haselmaus. Was für ein netter Anblick! Das Fell war noch kurz, die Knopfaugen riesig. Sie kletterte noch sehr unbeholfen und tollpatschig auf der Holunderstaude herum, die Technik mit dem Ringelschwanz als Greifhilfe funktionierte auch noch nicht so wirklich. Das Mäuschen war keine 3 Meter von uns entfernt und ließ sich auch nicht stören. Glücklicherweise hatte ich einen Fotoapparat dabei, und es gelangen mir ein paar nette Aufnahmen von dem putzigen kleinen Nager. Nach einer ganzen Weile kletterte die Haselmaus wieder durchs Gebüsch Richtung Heimat. Wir hatten schon lange gehofft und auch vermutet, dass es an unserem Beobachtungsort vielleicht die vom Aussterben bedrohten Haselmäuse geben würde, jedoch blieb dies in all den Jahren die einzige Begegnung dieser Art. Die nächsten Wochen haben wir die Gegend nach Spuren und Bissmarken abgesucht, sogar selbst gebaute Haselmausröhren als Unterkunft installiert und aufgehängt. Leider war alles vergeblich. Wie schade, sind diese Kerlchen doch echte Kobolde unter den heimischen Mäusen!

Das Kugelnest – winzige Akrobaten

Eine ähnlich erfreuliche Begegnung hatten wir an einer anderen Stelle, wo wir das besonders schöne Abendlicht und die Stimmung zum Fotografieren unserer Biber nutzen wollten. Im niedrigen Gebüsch an der Uferböschung war das Gras hoch und sehr dicht. Eines Tages entdeckten wir dort ein kleines kugelförmiges Nest, vielleicht

Biber sind perfekt an den Lebensraum Wasser angepasst

Wenn die Zähnchen wachsen, wird alles neugierig angeknabbert, selbst Mamas Kelle

Ein kleiner Biber fordert sein älteres Geschwisterchen hartnäckig zum Spielen auf

Ein kleiner Biber übt sich in der Fellpflege

Tina wird von einem jungen Biber freudig begrüßt

Ein »Elterntaxi« bringt einen erschöpften jungen Biber auf dem Rücken zum Bau zurück

Spiegelung eines frisch angenagten Baumes im Biberteich

Junge Biber lernen von den älteren Tieren, was fressbar ist und was ni

Am ersten Schnee haben junge Biber ihre große Freude

Tina wird von vier neugierigen und verspielten jungen Bibern überfall

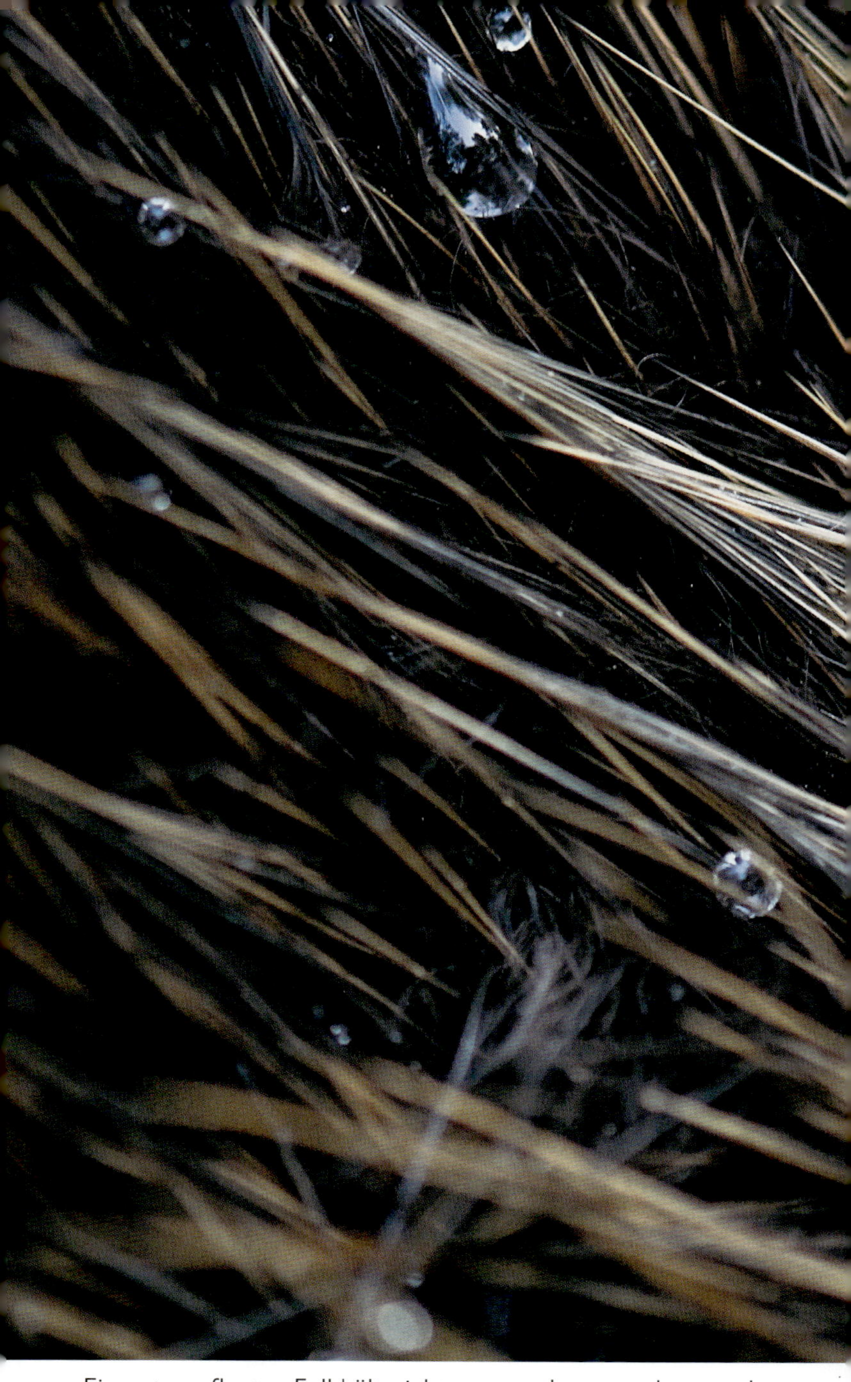

Ein gut gepflegtes Fell hält nicht nur trocken, sondern auch warm

Familie Biber bei der Fellpflege: Sobald ein Biber damit anfängt, machen alle sofort bereitwillig mit.

Wenn das Fell im Sommer schnell trocknet,
sehen die kleinen Biber noch knuffiger aus

Ein Biber gleitet bewegungslos mit der Strömung dahin

Ein Biber beobachtet uns vom Uferrand aus

Das nasse Fell verwandelt den Biber
im hohen Schnee in ein Schneemännchen

Eine Biberkelle im Spiel der Wellen

Mit den Zähnen hat sich ein Biber mühsam durchs dicke Eis gebissen
um sich ein Eisloch freizuhalten

Gemeinsames Planschen

Im letzten Abendlicht

10 Zentimeter im Durchmesser und auf den ersten Blick ohne Eingang. Ein echtes Kunstwerk, wunderbar aus Grashalmen geflochten. Wir beschlossen, etwas mehr darauf zu achten, um herauszufinden, wer denn der geheimnisvolle Erbauer von diesem Tiny House war.

Es dauerte gar nicht lange, dann erfuhren wir es: Das Kerlchen war so winzig, dass es wirklich kaum zu sehen und zu entdecken war. Nicht einmal die Grashalme bogen oder bewegten sich unter dem Fliegengewicht. Es war eine rotbraune Zwergmaus.

Wir konnten unser Glück kaum fassen: das kleinste Nagetier in unseren Gefilden! Geschwind und unheimlich geschickt kletterte die Maus umher, hielt sich mit ihrem Greifschwanz an den Grashalmen fest, und ehe wir uns versahen, war sie schon in dem Kugelnest verschwunden. Dann wackelte das Nest ein wenig, ein paar leise Piepser, und schon war sie wieder weg. Unser Glück war perfekt: Es war eine Zwergmausmutter mit Nachwuchs! Wie viele Junge es waren, wussten wir nicht. Neugierig waren wir schon, aber wir wollten uns dem Nest nicht zu sehr nähern, erstens, um nicht zu stören, und zweitens, um nicht unnötiger Weise eine Duftspur zu legen, die vielleicht Fuchs oder Marder dorthin führen könnte. So beschränkte sich unsere Beobachtung auf die rastlose Zwergmausmutter, die sich klammheimlich in das Nest schlich und genauso heimlich wieder verschwand.

Eines Tages war es dann so weit: Der Nachwuchs traute sich heraus. Die Mäuschen, wunderhübsch gefärbt und mit großen Kulleraugen, sahen zum ersten Mal die große, weite und aufregende Welt. Sie waren so unglaublich winzig, vielleicht doppelt so groß wie ein Fingernagel, wir konnten uns gar nicht sattsehen und haben ehrlich gesagt unsere Biber dabei durchaus etwas vernachlässigt. Im Laufe der Zeit konnten wir auf jeden Fall drei dieser Knirpse beobachten, wie sie die nähere Umgebung um das Kugelnest vorsichtig erkundeten. Aber offensichtlich war Mutter Zwergmaus der Meinung, jetzt sei ein Umzug in ein neues Quartier notwendig. Sie nahm einen Knirps nach dem anderen vorsichtig am Genick und verschwand mit ihren Kindern im hohen Gras. Leider auf Nimmerwiedersehen. Natürlich versuchten wir herauszufinden, wohin Familie Zwergmaus gezogen war, aber erstens ist es gar nicht so einfach, die winzigen Nester im hohen Gras zu finden, und zweitens wollten wir vermeiden, dass ihnen durch unser vielleicht unbedachtes Nachspüren etwas Böses passieren würde.

Im Nachhinein war dies vielleicht ein Fehler. Es kam ein Jahrhunderthochwasser, alles wurde meterhoch von einer reißenden Strömung überflutet. Damit verlor sich jegliche Spur, wir konnten seitdem auch kein Kugelnest mehr entdecken. Die kleinsten und wohl niedlichsten Akrobaten unter den Nagetieren unserer Heimat bleiben bis heute spurlos verschwunden. Wie schade, gerne hätten wir mehr Zeit mit ihnen verbracht. Uns blieben nur ein paar schlechte Fotos und vor allem die wunderschönen Erinnerungen.

Waldgeister – die heimlichen Nachbarn

Im Juni des vierten Jahres hörten wir auf dem Rückweg ein hohes Piepsen und Pfeifen. Es war schon dunkel, nichts war mehr zu erkennen. Wir warteten, um zu verorten, woher das Piepsen kam. Es steigerte sich langsam und hörte gar nicht mehr auf. Es schien, als käme es aus verschiedenen Richtungen aus dem Wald; offensichtlich gab es mehrere Verursacher. Wir hatten keine Ahnung, um wen es sich dabei handeln könnte.

So nahmen wir am nächsten Tag unser Fernglas mit und begaben uns vorsichtig auf die Pirsch. Vergeblich, denn auf dem Hinweg zu unseren Bibern war nichts zu hören und zu sehen. Halb so wild, dann hatten wir das Fernglas eben umsonst mitgenommen.

Auf dem Rückweg allerdings ging es wieder los. Wir bemühten uns, so gut es ging die Richtung zu orten, und suchten mit dem Fernglas die hohen Fichten ab, und da saß es dann tatsächlich auf einem Ast: ein piepsendes »Gespenst«. Es waren Ästlinge, also junge, noch flugunfähige Waldohreulen, die schon in den Bäumen herumkletterten und lautstark um Futter bettelten. Nach einiger Zeit konnten wir vier weitere Ästlinge in anderen Bäumen entdecken. Sogar ein Elternteil saß in unmittelbarer Nähe in einer Fichte. Natürlich hatte er uns schon längst entdeckt und beobachtete uns nach Eulenart entsprechend argwöhnisch.

Solange sich die Eulen nicht bewegen, sind sie in der fortgeschrittenen Dämmerung nicht zu sehen. Erst wenn sie herumklettern oder sich das Gefieder putzen, kann man sie erkennen. Meist sitzen die Jungvögel ganz nah am Stamm. Es waren die ersten Waldohreulen, die wir je gesehen haben. Seit damals brütet das Waldohreulenpärchen jedes Jahr in »unserem« Wald. Von der Balz über die Aufzucht der Jungtiere und das Flüggewerden bis zum Ausfliegen in nahe gelegene Waldgebiete bekommen wir ihren Jahreslauf nebenbei immer wieder mit. Leider liegt das Nest sehr hoch in den Fichten; es ist kaum zu erkennen und fotografisch unerreichbar.

Jungen Ästlinge sitzen zwar nicht mehr im Nest, können aber noch nicht fliegen. Sie klettern unbeholfen auf den Ästen umher und flattern gelegentlich, um das Gleichgewicht zu halten oder auf einen nahe gelegenen Ast zu gelangen. Doch ab und zu geht dabei auch etwas gehörig schief. Eines späten Nachmittags hörten wir schon das typische Piepsen eines Jungvogels, allerdings kam es nicht aus den hohen Bäumen, sondern aus Bodennähe. Ich machte mich auf den Weg und entdeckte einen Jungvogel in seinem Daunenkleid, der offensichtlich zu Boden gestürzt war. Ich war hin- und hergerissen, aber weil in nicht allzu großer Entfernung Fuchs- und Dachsbaue waren, beschloss ich, den kleinen Waldgeist wieder auf einen Ast zu setzen.

Die Krallen waren schon sehr beeindruckend; unter keinen Umständen wollte ich mich davon erwischen lassen. Bei meiner Annäherung war er denn auch von meiner Idee wenig begeistert, zeigte eine beeindruckende Drohgebärde und fauchte noch dazu furchterregend. Ich sondierte die Lage, ob ein Altvogel in unmittelbarer Nähe war, konnte aber keinen ausmachen. Daraufhin zog ich meine Jacke aus, stülpte diese dem verdutzten Jungvogel über und setzte ihn schnell auf einen hohen Ast. Sogleich zog ich mich dann wieder zurück, damit sich die junge Eule beruhigen konnte.

Als wir ein paar Stunden später wieder vorbeischauten, hatte sich der Jungvogel wieder einige Etagen weiter nach oben gehangelt, die Aktion war also geglückt. Leider wurde der langjährige Horst bei Rodungsarbeiten zerstört; der Baum wurde einfach gefällt. Seitdem brüten die Waldohreulen nicht mehr in dem Wäldchen, sondern etwa einen halben Kilometer entfernt. Schade, denn wir hatten uns auf dem Heimweg gerne die Zeit genommen, die kleinen Geister zu beobachten, wenn sie lautstark um Futter bettelten.

Flohzirkus – ein Blick sagt mehr als tausend Worte

Ganz in der Nähe unserer Biberfamilie gibt es einen Fuchsbau. Im Frühjahr schauen wir dort ab und zu mal nach, ob vielleicht ein paar Fuchswelpen zu beobachten sind. Meist halten wir es so, dass wir am Nachmittag zu den Füchsen gehen und danach dann direkt zu unseren Bibern. Gerade an den ersten warmen Tagen im April/Mai ist es immer einen Versuch wert.

So auch diesmal: Die jungen Füchse trauten sich zum ersten Mal aus dem Bau, ohne dass sie gleich am ganzen Körper wie Espenlaub zitterten vor lauter Kälte. Ihre Augen waren noch stahlblau, die Grannenhaare noch nicht gewachsen, nur das dichte Unterfell war zu sehen, und mit großen, neugierigen Augen begannen sie die Welt zu entdecken.

An diesem Nachmittag spielten die jungen Füchse so nett, dass ich mich nicht losreißen konnte und dort blieb. Ich hatte keine Ahnung, wie viele Jungtiere es waren. Überall hüpfte mal ein kleiner Fuchs herum, nur um sofort wieder zu verschwinden. So ein Fuchsbau hat mehrere Ein- und Ausgänge, da verliert man schnell den Überblick.

Es dauerte nicht lange, dann kam die Fuchsmutter zurück. Normalerweise bleibe ich nicht so lange, weil ich vermeiden möchte, dass sie mich »in flagranti« in der

Nähe des Baues erwischt. Ein Bellen würde reichen, und die Show wäre gelaufen. Da dies zu unser aller Nachteil wäre, bin ich eben selten lange vor Ort. Diesmal hatte ich die Zeit vergessen – dumm von mir.

Ich war etwa 10 Meter vom Bau weg und nur etwa 3 Meter von dem Fuchswechsel, auf dem die Alte Richtung Bau lief. Ich sah sie nur aus dem Augenwinkel, hielt die Luft an und saß da wie ausgestopft: keine Bewegung, kein Zwinkern. Ihre Jagd war erfolgreich gewesen, sie hatte mindestens acht tote Mäuse im Maul, die sie den Kleinen bringen wollte. Sie war ein hübsches Tier, etwas zerzaust und gestresst, aber gesund. Sie lief an mir vorbei, stoppte dann plötzlich direkt vor mir und sah mir tief und eindringlich in die Augen, als wollte sie sagen: »Ich hab dich genau im Blick, stör uns bloß nicht!«

Ich hatte schon Sorge, dass sie sofort Alarm geben würde und dann alle in den Bau verschwänden. Doch nichts dergleichen geschah; die Fuchsmutter lief Richtung Bau und legte die Mäuse vor dem Eingang am Boden ab. Aus allen Himmelsrichtungen kamen die kleinen Füchse zu ihr gestürmt. Es waren insgesamt sieben Jungtiere, unglaublich! So einen großen Wurf hatte ich noch nie gesehen. Sie begann ihren Nachwuchs direkt vor mir stehend zu säugen. Die kleinen Füchse rauften sich um die besten Zitzen.

Nachdem der erste Hunger gestillt war, begann die Alte, ein Jungtier nach dem anderen liebevoll zu beknabbern und das Fell zu pflegen. Die Kleinen genossen es offensichtlich, schlossen ihre Augen und dösten dabei in der warmen Spätnachmittagssonne. Sie waren aber noch so tollpatschig, dass einige beim Einschlafen umkippten, den Hang hinabkullerten und erst mühsam wieder hochklettern mussten. Ein paar Jungfüchse hielten noch ihr Verdauungsschläfchen, ein paar andere machten sich sofort spielend über die toten Mäuse her und warfen sie in der Gegend herum, um ihnen dann hinterherzuspringen oder sie einem Geschwisterchen abzujagen.

Dieses einmalige Schauspiel ging über zwei Stunden. Ich machte kein einziges Foto, denn ich wollte die Harmonie und das Familienidyll nicht stören. Gelegentlich blickte die Fuchsmutter kurz zu mir herüber, hatte aber offenbar kein Problem mit meiner Anwesenheit. Wir hatten ja schon alles »besprochen«, und ich hielt mich auch strikt an unsere Abmachung.

Als die warmen Sonnenstrahlen langsam verschwanden und es den kleinen Füchsen zu kalt wurde, zogen sie sich in den Bau zurück. Die Alte ging wieder auf die Jagd, sie marschierte ihren Weg zurück und an mir vorbei, ohne mich eines Blickes zu würdigen. Ich wartete noch ein paar Minuten ab und machte mich dann aus dem Staub.

In den darauffolgenden Wochen besuchte ich Familie Fuchs natürlich noch viele Male. Es entstanden viele einmalige Bilder, und es war schön, miterleben zu dürfen, wie sich die Jungfüchse entwickelten und wie schnell sie heranwuchsen. Unsere Anwesenheit wurde während der ganzen Zeit akzeptiert. Dieses Erlebnis werde ich wohl nie vergessen.

Die letzten Jahre waren in Sachen Fuchs und Dachs leider extrem schlecht. Beide Populationen haben unheimlich gelitten und abgenommen. Aktuell würde ich sagen, dass nicht einmal mehr 20 Prozent der ursprünglichen Fuchspopulation bei uns überlebt haben. Das ist einerseits der Tatsache geschuldet, dass die Räude massiv grassierte und viele Füchse gestorben sind. Zum anderen sind aber einige Jäger der Meinung, Füchse und Dachse müssten ausgerottet werden, weil sie der Ansiedlung von – entschuldigen Sie den Ausdruck – blöden Jagdfasanen aus irgendeiner Zucht im Wege stehen.

Man muss sich das einmal vor Augen führen: Ansässige Tiere wie die sogenannten »Bodenräuber« Fuchs und Dachs werden lokal so gut wie ausgerottet, damit die – nicht einmal einheimischen – gezüchteten Fasane lange genug überleben können, bis der Jäger selbst sie erlegt. Einfach so, aus Hobby, Jux und Tollerei und wider jegliche Vernunft. Es handelt sich dabei um einen absolut verantwortungslosen, widersinnigen Eingriff in Fauna und Flora.

Jedenfalls konnten wir leider in den letzten Jahren trotz intensiver Suche keinen Fuchsbau mit Jungtieren mehr ausfindig machen. Von den viel selteneren Dachsen ganz zu schweigen.

Lotti, Molli und die schöne Riki

Wir engagieren uns ja sehr vielfältig; unter anderem nehmen wir uns auch hilfsbedürftiger Fledermäuse an. Wir ziehen verwaiste Findelkinder auf und pflegen verletzte und geschwächte Tiere, bis wir sie erfolgreich wieder auswildern können. Das ist sehr zeitaufwendig und erfordert viel Erfahrung und Einfühlungsvermögen. Auch hier gilt: Jedes Fledermäuschen ist anders und hat seine ganz eigene Persönlichkeit, einen individuellen Charakter.

Eher zufällig sind wir vor vielen Jahren in das Thema hineingerutscht. Aufgrund unserer Faszination für diese intelligenten Tiere und der Tatsache, dass manche Mäuschen bis zu dreißig Jahre alt werden können und sie sich nur mit ein bis zwei Jungtieren pro Jahr fortpflanzen, fingen wir an, uns um Fledermäuse zu kümmern.

Fledermäuse sind sehr nützliche Tiere, sie verhindern Schäden in Land- und Forstwirtschaft in Milliardenhöhe. Doch leider sind immer mehr Fledermausarten vom Aussterben bedroht. Der Verlust ihres Lebensraums und Nahrungsmangel gefährden ihre Existenz – weitere Ursachen für den Rückgang haben wir bereits im Abschnitt »Fledermäuse« beschrieben. Aber jetzt zu unserer Geschichte.

Wir bekamen aus verschiedenen Gegenden sehr seltene Fledermausfindelkinder, nämlich Mopsfledermäuse. Der Name kommt nicht von ungefähr, denn diese Fledermäuse haben aufgrund ihrer Kopfform tatsächlich etwas Ähnlichkeit mit einem Mops. Über diese Art ist sehr wenig bekannt. Es sind heimliche Waldfledermäuse, die alle paar Tage umziehen, und sie sind wahnsinnig schwer aufzuziehen. Nur selten gelingt es, Findelkinder bis zur Auswilderung durchzubringen.

Doch wir waren den hilflosen winzigen Kerlchen sofort verfallen. Alles an diesen Tieren ist erhaben und gerade zu majestätisch. Jede Bewegung, jeder Blick ist absolut faszinierend. Am ehesten ist diese Fledermaus wohl zu vergleichen mit einem schwarzen Panther; es sind einfach beeindruckende Tiere. Trotzdem:

Wochenlang alle paar Stunden füttern, tröpfchenweise mit spezieller Milch, rund um die Uhr, ist sehr kräftezehrend. Und es waren ja nicht nur die zwei Mopsfledermäuse, sondern insgesamt sieben Babyfledermäuse, die wir zu dieser Zeit pflegten. Um es mit einem Bild auszudrücken: Die Augenringe fanden kaum mehr Platz in unserem Gesicht. Aber die Kerlchen wuchsen und gediehen, und sie hörten auch schnell auf ihre Namen: Lotti, schöne Riki und Molli. Molli kam erheblich später und war eine erwachsene Mopsfledermaus, quasi ein Sechser im Lotto, denn es ist immer von Vorteil, wenn ein paar Handaufzuchten eine adulte Fledermaus der gleichen Art als »großes Vorbild« und Motivator zur Verfügung haben.

Dummerweise benötigen Mopsfledermäuse auch noch etwa doppelt so lange wie normale Fledermäuse in der Entwicklung und stellen wirklich hohe Ansprüche an … einfach alles.

Fledermäuse sind soziale Tiere und benötigen daher viel Aufmerksamkeit, sonst verkümmern sie und sterben an mangelnder Ansprache. So entstand eine innige Beziehung, wir waren ja schließlich ihre Zieheltern.

Im September, nach drei Monaten, war es dann allmählich so weit: Die Kondition passte, die jagdlichen und flugtechnischen Fähigkeiten waren auch schon entsprechend fortgeschritten, wir mussten uns um die Auswilderung kümmern. Es gibt nur wenige Vorkommen von Mopsfledermäusen hier in der Gegend, und diese zu finden ist nicht einfach. Bewaffnet mit einem Ultraschalldetektor wurden Gebiete vorab systematisch untersucht, alles parallel zu Fledermäuschen, Bibern und Job. Doch siehe da, in der Nähe unseres Biberreviers gab es ein paar Mopsfledermausrufe – hurra! Die Wettervorhersage war auch günstig für die nächsten zehn Tage, und bis zu einer der bekannten Überwinterungshöhlen war es auch nicht allzu weit.

Also hängten wir eines Abends in der letzten Dämmerung einen Fledermauskasten mit den drei Mopsfledermäuschen einige Hundert Meter von unseren Bibern entfernt auf und beobachteten dann, wie sie voller Freude in die freie Natur entschwanden.

Auch für uns war das ein Moment großer Freude: Wir haben es endlich geschafft! Dennoch gibt es im wahrsten Sinn des Wortes auch immer ein weinendes Auge. Man hängt ja schließlich an den kleinen Mäuschen; all die Sorgen und die Höhen und Tiefen, die man gemeinsam durchlebt hat, machen den Abschied wirklich nicht leicht. Doch die Freude überwog, und natürlich wünschten wir ihnen alles Gute für die Zukunft.

Wie immer waren wir jeden Abend bei unseren Bibern. Zwei Tage später flogen zwei Fledermäuse im letzten Abendlicht an uns vorbei. Das Flugbild war eindeutig, Mopsfledermäuse! Wir waren hin und weg, hatten wir doch hier in all den Jahren noch nie Mopsfledermäuse fliegen und jagen sehen. Am nächsten Abend sahen wir sie wieder. Konnte das denn möglich sein? Diesmal sprachen wir die vorbeihuschenden Fledermäuse mit ihren Namen an. Und tatsächlich: Sie schlugen einen Haken und umkreisten uns mehrfach in weniger als 2 Metern Entfernung. Wir konnten sogar ihre Gesichter erkennen. Kein Zweifel, es waren unsere kleinen Mopsfledermäuse! Sie hatten uns an unseren Stimmen wiedererkannt und uns einen letzten Besuch abgestattet, Tage später, in freier Natur. Danach flogen sie jagend in den Wald auf Nimmerwiedersehen.

Wir konnten unser Glück kaum fassen. Was für ein bewegender Moment, was für ein Geschenk! Eine größere Freude hätten uns die Mäuschen gar nicht bereiten können. Es war ein echter Gänsehautmoment, die Begegnung hat uns bis heute nachhaltig geprägt. Wir wissen, wofür wir den ganzen Aufwand und die Entbehrungen auf uns nehmen, und es sind diese unbeschreiblichen Momente, die uns motivieren weiterzumachen. Es ist jede Sekunde wert.

Beobachtungen, Erlebnisse und unvergessliche Geschichten

Seitdem wir unsere Biber beobachten, haben wir viele spannende Erlebnisse gehabt. Mit Bibern und Menschen. Schöne und traurige, begeisternde und leider auch einige empörende. Davon wollen wir in diesem Kapitel erzählen.

Anhängliche Biber

Über die Jahre hinweg gewöhnten sich die Biber an uns, und natürlich gewöhnten auch wir uns an die Biber. Jeder weiß den anderen ein- und wertzuschätzen. In unserem Kontakt herrscht tatsächlich so etwas wie Augenhöhe. Unsere Biberfamilie kann kommen und gehen, wann sie möchte, es handelt sich ja um wild lebende Tiere. Davon machen sie, insbesondere im späten Herbst, auch regen Gebrauch. Da kann es schon einmal vorkommen, dass wir sie über Wochen hinweg nicht sehen. Natürlich sind wir jedes Jahr aufs Neue besorgt, wenn das passiert, aber wir können es nicht ändern und wollen den Kontakt auch nicht erzwingen.

Wir versuchen allerdings so oft wie möglich vor Ort zu sein, vor allem, wenn die Jungtiere unterwegs sind.

Leider ist das nicht immer möglich, und dann haben wir schnell ein schlechtes Gewissen. Und das hat einen guten Grund. Denn was uns lange Zeit nicht wirklich bewusst war: Die Tiere warten jeden Tag auf uns, nicht nur ein paar Minuten, sondern mitunter sogar stundenlang. Wir sind offensichtlich einigen Bibern genauso ans Herz gewachsen wie sie uns.

Auf dem Weg zu unserem Treffpunkt durchqueren wir einen Wald, und je nachdem, in welchem Bau Familie Biber gerade wohnt, haben sie einen weiteren oder auch kürzeren Weg bis dorthin zurückzulegen. Unsere Biber ziehen etwa ein bis zwei Mal jährlich um. Warum, wissen nur sie selbst, aber üblicherweise ziehen sie im Frühjahr, bevor die Jungen zur Welt kommen, in den näher gelegenen Bau und im Herbst meist in den entfernteren Bau zurück.

Es war wieder einmal Sommer, unsere Hochsaison. Der Wurf bestand aus vier Jungtieren: Zwergerl, Frechdachs, Hasenpfote und Pimpf. Die Spitznamen wurden wie immer nach Charaktereigenschaften vergeben, ohne dass wir das Geschlecht überprüft hätten. Eigentlich waren wir an diesem Abend schon viel zu spät dran. Normalerweise fahren wir, wenn es spät wird, gar nicht mehr raus, da wir die Tiere dann vielleicht nur stören würden. An so einem Abend läuft dann nichts mehr wirklich entspannt ab. Nachdem keiner etwas davon hat, lassen wir es meist bleiben, es hat sich einfach nicht bewährt. Sollten wir trotzdem einmal später unterwegs sein, agieren wir immer sehr vorsichtig und vorausschauend und sondieren zunächst die Lage, um ein Erschrecken zu vermeiden.

So blieben wir am Wald angekommen stehen und suchten erst einmal die Gegend nach einem Biber ab, konnten aber keinen entdecken. Wir gingen langsam zu unserem Treffplatz weiter und sahen plötzlich minimale Wellen direkt unter einer Baumwurzel auf der anderen Uferseite. Die letzte Abendsonne leuchtete dort wunderbar in einem warmen Licht unter eine der Wurzeln. Und tatsächlich, da sahen wir eine kleine Schnauze fast regungslos versteckt und selbst für unser geübtes Auge kaum auszumachen. Wie üblich redeten wir dem Biber beruhigend zu, und ganz langsam schob sich das kleine Kerlchen hervor, lugte vorsichtig um die Wurzel herum und ließ sich nur sehr zögerlich dazu bewegen, sich zu zeigen. Es war unser Zwergerl, ein sehr anhängliches, aber super vorsichtiges und schreckhaftes Jungtier, zu dem Zeitpunkt etwa zwei Monate alt.

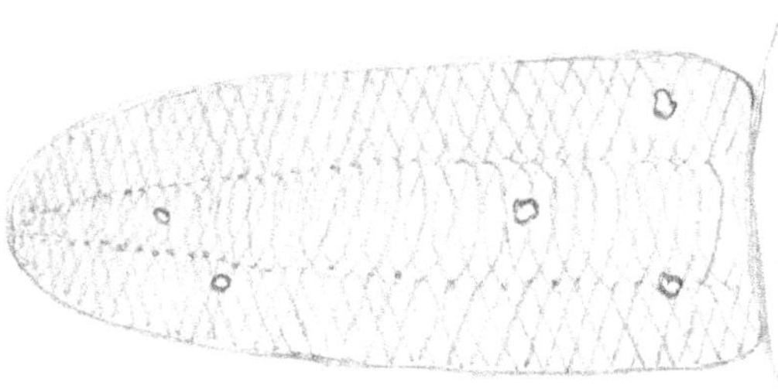

Zwergerls Erkennungszeichen:
mehrere kleine weiße Flecken auf der Kelle.

So weit vom Bau weg hatten wir es noch nie beobachten können. Es war allein und suchte unter der Baumwurzel Deckung und Schutz.

Sehr zu unserer Freude begleitete es uns dann aber Richtung Treffplatz, das heißt, es schwamm parallel zu uns mit. Wenn wir stehen blieben, schwamm es auch nicht mehr weiter. So ging es durch den ganzen Wald hindurch über etwa 200 Meter, bis wir am Treffpunkt ankamen. Dort begrüßte uns Zwergerl wie immer sehr freudig und holte sich ein paar Streicheleinheiten ab. Wir hatten es bis dahin eigentlich für unmöglich gehalten, dass ein Biber auf uns warten würde, aber es war wirklich so. Von diesem Tag an wartete Zwergerl fast jeden Tag unter dem Wurzelstock auf uns. Vom Bau aus war es eigentlich die falsche, entgegengesetzte Richtung zu unserem Treffplatz. Offensichtlich schwamm der junge Biber extra zum Waldeingang, um unsere Ankunft ja nicht zu verpassen. Manchmal war er kaum zu entdecken, manchmal hörten wir ihn schon fiepen, noch bevor wir ihn unter der Wurzel ausmachen konnten. Dann schwamm er neben uns her durch den Wald. Erst mit zunehmender Dunkelheit im Herbst ließ er von dem Begrüßungsritual ab. Was für ein Erlebnis! Seine maximale Geduld, auf uns zu warten, lag bei etwa zwei Stunden, dann gab er es für den Abend auf. Für den kleinen Biber muss das eine gefühlte Ewigkeit gewesen sein!

Seit dieser Zeit vergewissern wir uns jedes Mal, ob nicht ein Biber auf uns wartet. Sehr selten kommt es bis heute immer wieder mal vor. Natürlich ist es leider nicht mehr unser Zwergerl. Aber aktuell gibt es wieder einen würdigen Vertreter namens Anton, der ohnehin ein absolut einzigartiger Biber ist. Doch zu den beiden später mehr.

Natürlich sind wir gelegentlich auch auf Reisen. Da auch im Urlaub Tierbeobachtungen und Tierfotografie für uns auf der Tagesordnung stehen, können es schon mal sechs bis zehn Wochen am Stück werden, die wir die Biber nicht besuchen. Doch wenn wir mit schlechtem Gewissen zurückkehren, erkennen uns die Biber auf Anhieb wieder, fiepen und freuen sich offensichtlich und verhalten sich so, als wären wir nie weg gewesen. Wir finden es immer wieder erstaunlich, wie klug unsere Biber sind.

Dreistigkeit kennt keine Grenzen

Bei den Menschen scheint die Klugheit dagegen recht unterschiedlich ausgeprägt, wie wir gelegentlich erleben mussten. Die ersten Jahre unternahmen wir unsere Biber-Beobachtungen samt Foto- und Filmaufnahmen nur für uns persönlich im kleinen Maßstab. Fototechnisch waren wir auch noch in den Anfängen. Erst nach vielen Jahren entschlossen wir uns, in einer renommierten Fotozeitschrift einen umfassenden Bericht über »unsere Biberfamilie« zu veröffentlichen. Die Geschichte weckte viel Interesse, langsam sprach sich unser Engagement herum, und wir bekamen zunehmend Anfragen von verschiedensten Medien, auch von großen, namhaften Fernsehsendern. Nachdem wir aber keinerlei Interesse daran hatten, für etwas Medienaufmerksamkeit das Vertrauen der Biber und ihren Schutz aufs Spiel zu setzen, erteilten wir eine Absage nach der anderen. Meist war das Unverständnis groß, was uns letztlich in der Richtigkeit unserer Entscheidung bestätigte.

Einige besonders dreiste Anfragen sind uns in Erinnerung geblieben.

Eines Tages bekamen wir einen Anruf von einem großen österreichischen Privatsender. Am Telefon war eine junge Dame, die einen ausgesprochen frechen, fordernden Ton an den Tag legte: Man würde sofort spezielles Filmmaterial benötigen, und wir sollten dieses schnellstmöglich irgendwohin hochladen (was für ein Scherz: hohe Auflösung, hohe Bildrate und lange Sequenzen lassen sich mit privaten Internetzugängen nirgends mal »schnell hochladen«). Das wäre ja alles noch irgendwie machbar gewesen, doch als ich nach den Formalitäten fragte – einem Vertrag, einer etwaigen Vergütung, der Regelung von Nutzungs- oder Urheberrechten –, machte die Dame unmissverständlich klar, der Sender erwarte von uns, dass wir unser Material »natürlich« ohne Entgelt und Vertragswerk zur Verfügung stellten. Eventuell würden wir namentlich im Nachspann erwähnt. An diesem Punkt habe ich das Telefonat beendet.

Ähnliches wiederholte sich des Öfteren auch im Zusammenhang mit Buchverlagen. Es hieß dann, man wolle ein Foto unserer Rasselbande verwenden, aber natürlich ohne Zahlung eines Honorars – schließlich würden wir ja im Bildnachweis erwähnt. Die Bücher werden dann freilich zu satten Preisen verkauft.

Es zeigt sich in diesem Zusammenhang immer wieder: Natur ist schön und gut, aber natürlich darf sie nichts kosten und keine Umstände bereiten. Genau nach diesen Grundsätzen wird oft in verschiedenen Medien agiert. Wie viel Zeit, Investitionen, Arbeit und Aufwand hinter unseren Aufnahmen stecken, interessiert offenbar niemanden: Es geht nur ums »Abgreifen«.

Noch dreister als die Österreicher war ein großer, namhafter deutscher Sender. Wir erhielten einen spontanen Anruf, in dem uns mitgeteilt wurde, man werde nächste Woche mit drei VW-Bussen und einem großen Team vorbeikommen, um eine Biber-Doku zu drehen. Wir fühlten uns reichlich überrumpelt. Wir kannten die anrufende Dame nicht, wir hatten nie zuvor telefoniert, keine einzige E-Mail ausgetauscht, geschweige denn irgendetwas vereinbart. Wir wurden noch nicht einmal gefragt, ob so ein Dreh denn überhaupt örtlich oder zeitlich möglich sei. Dennoch ging man offenbar davon aus, dass wir sofort den roten Teppich ausrollen würden. Ganz schön unverschämt! Unsere Reaktion können Sie sich inzwischen wohl denken, jedenfalls war auch dieses Telefonat schnell beendet. Wir haben die Anfrage abgewürgt, auch wenn die Anruferin daraufhin ziemlich brüskiert wirkte. Auch hier gab es keinerlei Verständnis dafür, dass wir das langjährige Vertrauen unserer Biberfamilie über ein derartiges »einmaliges Angebot« stellen.

Diese Anfragen erfolgten alle telefonisch und waren entsprechend einfach abzuwimmeln. Schwieriger wird es bei selbst ernannten »Naturfreunden«, die einfach so vor unserer Tür stehen. Ein solcher Zeitgenosse, ein älterer Mann, wurde ziemlich unangenehm, als ich ihm erklärte, wir würden niemanden zu den Bibern mitnehmen. Er drohte sogar damit, uns abzupassen und mit dem Auto zu der Beobachtungsstelle zu verfolgen. Der Irrsinn kennt offenbar keine Grenzen …

Aber wir können auch sagen: Zum Glück sind nicht alle Fernsehsender, Verlage oder Naturfreunde so dreist. Mit den meisten kann man gut zusammenarbeiten, und jeder achtet die Interessen des anderen. Im Laufe der Zeit haben wir einige sehr gute und positive Erfahrungen gemacht und bei solchen Gelegenheiten freundliche, engagierte und interessante Leute kennengelernt.

Unsere Biber sind nicht »zahm«

Manch einer wird sich fragen, ob unsere Biber überhaupt nicht mehr menschenscheu sind oder ob sie womöglich inzwischen »domestiziert« sind. Zahme Biber? Weit gefehlt! Unsere Biber unterscheiden streng zwischen uns und fremden Personen. Zur Sicherheit unserer Biber haben wir das natürlich mehrfach getestet. Das Ergebnis: Selbst wenn sich die fremde Person in unserer Begleitung nähert, lassen sie sich nicht blicken, da können wir tun, was wir wollen. Und so soll es ja auch sein.

Wobei: Ausnahmen bestätigen bekanntlich die Regel. Da gibt es zum Beispiel einen Jungen namens »Wastl«, damals fünf Jahre alt. Er hatte natürlich von unseren Geschichten gehört, Bilder gesehen und mitbekommen, dass wir immer wieder zu den Bibern fahren. So wollte er natürlich unbedingt mal mitkommen und die Biber sehen.

Wir hatten ihm erklärt, dass die Biber sich vermutlich gar nicht blicken lassen würden, wenn er dabei sei, und dass das doch eine große Enttäuschung für ihn wäre. Aber er ließ nicht locker und wollte es unbedingt probieren. Also gut. Bevor wir ihn zum ersten Mal mitnahmen, machten wir ihm eindringlich klar, dass er niemandem erzählen dürfe, wo unsere Biber leben, und dass dies unser großes Geheimnis bleiben müsse. Selbst seinen Eltern oder Großeltern dürfe er es nicht erzählen. Er versprach es ganz fest, und so starteten wir eines Abends mit ihm zusammen zu unseren Bibern. Auf dem Weg erklärten wir ihm, dass er sich ganz ruhig und langsam bewegen müsse, dass er nur flüstern dürfe, und sollten die Biber wider Erwarten zu uns kommen, dürfe er sie auf keinen Fall wie bei einem Hund über den Kopf hinweg streicheln.

Nun, bekanntlich kommt es immer anders, als man denkt. Natürlich kann sich kein Fünfjähriger wirklich ruhig verhalten, noch dazu, wenn alles so spannend und aufregend ist. Wir gingen mit ihm unseren üblichen Weg. Die erste Überraschung: Zwergerl wartete wie immer unter der Baumwurzel und schwamm, obwohl wir einen Fremden dabeihatten, neben uns her zu unserem Treffplatz. Wastl war hin und weg und fast nicht mehr zu bremsen. Dort angekommen, warteten auch schon Mutti und Frechdachs auf uns und machten keinerlei Anstalten, zu verschwinden. Sie kamen wie üblich zu uns, um uns zu begrüßen und sich streicheln zu lassen. Wastl war mittendrin und hatte seine helle Freude. Zu unserem Erstaunen zeigte sich keiner der Biber scheu. Im Gegenteil: Plötzlich rumpelte unsere Mutti zu Wastl hin, stupste ihn an, und er streichelte ihr einfach über den Kopf wie einem Hund. Wir waren vollkommen perplex. Biber tolerieren es überhaupt nicht, wenn man ihnen über den Kopf streicht. Schon bei dem geringsten Versuch flüchten sie sofort. Doch bei Wastl war es überhaupt kein Problem. Wir haben das über ein paar Jahre mit Wastl ausprobiert und sind absolut überzeugt: Das Kindchenschema funktioniert offenbar nicht nur bei uns Menschen, sondern auch bei den Tieren. Kinder haben eine Art Narrenfreiheit.

Zu Hause wartete schon ein Empfangskomitee aus seinen Eltern auf uns, und es sprudelte nur so aus ihm heraus. Auf die Frage seines Papas, wo denn unsere Biber leben, kam von ihm die nichtssagende Antwort: »Nach der Brücke rechts.« Egal, wer ihn fragte, dies war seine Standardantwort, von der er nicht abrückte.

Natürlich erzählte er seine Erlebnisse auch im Kindergarten. Daraufhin rief die Erzieherin bei seinen Eltern an und meinte, er habe doch eine sehr rege Fantasie, und sie sollten ihn doch mal ein bisschen in seiner »Geschichtenerzählerei« bremsen. Erst ein paar Beweisfotos konnten sie von Wastls Erzählungen überzeugen.

Männchen oder Weibchen?

Das Geschlecht von Bibern lässt sich rein äußerlich optisch nicht bestimmen. Alle Körperöffnungen und Geschlechtsteile sind sinnvollerweise hinter der sogenannten Kloake, einer »wasserdichten« Falte versteckt. Nur ein trächtiges und führendes Weibchen lässt sich aufgrund der Zitzen als solches erkennen, wenn es am Ufer sitzt. Auch an der Farbe des Bibergeils kann man die Geschlechter unterscheiden, was in der Praxis bei wild lebenden Bibern aber kaum möglich ist. Hierzu müsste man die Tiere entweder fangen oder direkt daneben sitzen, wenn ein Biber einen Markierungshaufen aus Schlamm und Erde am Ufer zusammenkratzt und in Sekundenschnelle mit ein paar Tropfen seines Bibergeils sein Revier markiert.

Bei Männchen ist die Farbe eher gelblich-braun, bei Weibchen hingegen eher grau.

Im Wasser schwimmende Biber können generell nicht auf das Geschlecht hin unterschieden werden. Nach langen Recherchen sind wir aber zufällig auf einen alten und weithin unbekannten Bericht gestoßen. In ihm heißt es, die Form und die Musterung der Schuppung an der Spitze der Biberkelle ließen mit einer sehr hohen Wahrscheinlichkeit auf das Geschlecht schließen. Beim Männchen endet die Biberkelle in einer leichten Spitze, bei Weibchen ist sie hingegen rund oder zeigt eine leichte Einkerbung.

Nachdem sich unsere Biber in unserer unmittelbaren Nähe aufhalten, haben wir natürlich versucht, ob wir das bestätigen können. Die trächtigen/führenden Weibchen hatten alle ein rundes oder leicht eingedelltes Ende ihrer Biberkelle. Bei unserem Biber-Papa war die Kelle am Ende spitz wie in dem Bericht beschrieben. Diesen Unterschied sieht man auch schon bei Jungtieren. Seit wir das wissen, achten wir auch bei der alljährlichen Vergabe der Spitznamen für die Jungen auf den kleinen, aber doch erheblichen Unterschied.

Wer bist denn du? So erkennen wir die einzelnen Familienmitglieder

Am Anfang war es uns unmöglich, die Biber auch nur in Ansätzen zu unterscheiden, und um ehrlich zu sein: Selbst nach all der Zeit gelingt es uns nicht immer zuverlässig. Das gilt insbesondere, wenn die Biber nicht an Land gehen oder sich ans Ufer setzen. Die ersten beiden Jahre konnten wir die Biber nur halbwegs aufgrund der Körpergröße unterscheiden; eine Bestimmungshilfe, die schlichtweg keine ist, denn gerade die jungen Biber wachsen ja schnell. Auf größere Distanzen oder in der letzten Abenddämmerung wird es unmöglich, die Körpergröße halbwegs zuverlässig abzuschätzen: Der Kopf ragt nur wenige Zentimeter aus dem Wasser, der Rest des Körpers liegt fast gleichauf mit der Wasseroberfläche, und gelegentlich spielt einem die eigene Wahrnehmung auch noch einen Streich. Selbst ein Fernglas hilft nicht weiter, da meist keine Referenzgröße zum Vergleich vorhanden ist.

Etwas einfacher wird es, wenn mehrere Generationen von Bibern gleichzeitig beobachtet werden können und sich die Körpergrößen relativ zueinander unterscheiden lassen. Aber auch das ist nicht wirklich zielführend.

Inzwischen können wir die Tiere optisch und aufgrund von Verhalten und Charakterzügen unterscheiden, aber das ist wahrlich nicht einfach. Erst wenn die einzelnen Biber unmittelbar vor uns am Ufer sitzen und sie ein sehr prägnantes Merkmal haben, können wir sie optisch sicher unterscheiden. Die wichtigsten Merkmale, auf die wir achten, sind das gesamte Erscheinungsbild, die Körpergröße, Verletzungen, Bissmarken und Risse in der Kelle, Narben, Fellfarbe, lichte Fellstellen, Pigmentstörungen/Flecken an Schwimmhäuten und Kelle, Länge und Färbung der Tasthaare, Größe und Form der Ohren.

Jeder Biber ist anders – Charaktere, Verhaltensweisen und Allüren

Neben den optischen Merkmalen sind für uns der Charakter und das Verhalten der einzelnen Biber für die Unterscheidung enorm wichtig. Denn Biber sind ausgesprochene Individualisten. Wir haben neugierige, freche, dreiste, ängstliche, schüchterne, vorsichtige, unsichere und schreckhafte Biber, und einige haben ganz spezielle Verhaltensweisen und Wesenszüge.

Weitere Kriterien sind, wie sie sich uns nähern, wie sie uns begrüßen, welche Fressgewohnheiten sie haben oder welche besonderen Geräusche und Laute sie von sich geben. Das Repertoire an Tönen ist aber recht überschaubar: Schreien, Fauchen, Fiepen, Blubbern, Niesen, Husten, Schluckauf und Pupsgeräusche. Lässt sich der jeweilige Biber streicheln oder berühren, versucht er Nase-Nase mit uns zu machen oder behält er uns permanent und argwöhnisch im Blick? Gibt es Vorlieben oder Abneigungen gegenüber bestimmter Nahrung?

Durch all diese Eigenschaften, die für jeden Biber anders und völlig individuell sind, können wir sie inzwischen sehr zuverlässig und schnell erkennen. Nur wenn danach noch Zweifel bleiben, werden spezielle optische Details zu Hilfe genommen. Jeder Biber bekommt von uns einen Spitznamen, passend zum vermuteten Geschlecht, dem Charakter und seiner Persönlichkeit.

Mutti

Von all den bisherigen Muttertieren, die wir erlebt haben, blieb uns eine in ganz besonderer Erinnerung. Wir nannten sie der Einfachheit halber »Mutti«. Sie hat uns über viele Jahre treu begleitet und das Vertrauen zwischen uns und ihrer Familie eigentlich erst zugelassen und toleriert. Vor etwa acht Jahren verschwand sie spurlos, zwei Jahre nachdem sie ihr Revier an eine ihrer Töchter, von uns »Große« genannt, übergeben hatte. Für uns markiert ihr Verschwinden einen absoluten Tiefpunkt, und sie fehlt uns gelegentlich noch heute. Ihre stoische Ruhe, ihr souveränes Wesen und ihre Ausstrahlung waren einfach unbeschreiblich.

Unsere Mutti war das stattlichste Tier der Familie, ihr Schädel war kantig und etwa so groß wie der Kopf eines Schäferhundes. Sie näherte sich fast immer von rechts, schwamm vorbei, versteckte sich links von uns eine Weile oder drehte eine kleine Kontrollrunde. Nur selten tauchte sie ab; meistens schwamm sie ohne Zögern auf uns zu. War ihr Hunger groß, holte sie sich von der Uferböschung etwas zu fressen. Meist war es ein Weidenast, mit dem sie sich vor uns hinsetzte und den sie dann in aller Ruhe fraß. Im Frühjahr, wenn die blühenden Weiden Palmkätzchen und zarte Blätter haben, zupfte sie diese mit Vorliebe und einer unglaublichen Feinmotorik von noch so dünnen und zarten Zweigen. Die Ästchen mit der Rinde ließ sie davontreiben, ohne sie zu verwerten. Es wirkte so, als würde sie einfach naschen.

Mutti war unverkennbar. Sie hatte viele Narben und Bissmarken in der Kelle, es fehlten sogar ein paar kleine Ecken, die ihr wohl bei Revierkämpfen herausgebissen worden waren. Außerdem hatte sie eine Narbe auf der rechten Seite der Unterlippe, weiße Tasthaare, zwei helle punktförmige Hautflecken auf den Schwimmhäuten, und sie zeigte uns ständig mit der rechten Vorderpfote den »Stinkefinger«. Das ist kein Scherz und war auch sicher keine böse Absicht, aber so sah es nun mal aus. Tatsache war: Sie hatte sich irgendwann einmal den Mittelfinger gebrochen. Dieser versteifte, und deshalb konnte sie ihn nicht mehr abwinkeln. Für sie war das aber kein Problem, es behinderte sie im alltäglichen Leben offensichtlich nicht im Geringsten.

Vom Wesen her war sie extrem gutmütig, geduldig, ruhig und ausgeglichen. Ihr Vertrauen uns gegenüber war fast grenzenlos. Sie setzte sich direkt mit dem Rücken zu uns vor uns hin und begann sich ganz entspannt zu putzen. Nur schnelle Bewegungen oder ungewöhnliche Geräusche wie Niesen oder Husten unterbrachen ihr Tun. Dann drehte sie sich zu uns um, wir redeten ihr beruhigend zu, und schon ging es mit dem Putzen weiter. Wenn wir sie dabei ein wenig kraulten, versuchte auch sie unseren »Restpelz« zu putzen, wie es im Sozialleben der Biber zur gegenseitigen Fellpflege eben üblich ist.

Noch eindrucksvoller war jedoch, wie sie gelernt hatte, auf uns und unser Verhalten zu reagieren. Wenn wir unseren Blick hoch konzentriert in eine Richtung lenkten oder plötzlich verstummten und nicht mehr redeten, weil wir etwas gesehen oder gehört hatten (z. B. einen Spaziergänger, Fischer, Bauern o. Ä.) reagierte sie sofort darauf, indem sie ebenfalls jegliche Aktivität schlagartig einstellte, gespannt und konzentriert lauschte und mit bebender Nase zu wittern begann. Entpuppte sich die Situation als ungefährlich, dann redeten wir wieder leise mit ihr, und sie machte einfach weiter, wo sie vorher innegehalten hatte. Wenn wir nichts mehr sagten und weiterhin unsicher waren oder die Lage sondierten, schlich sie geräuschlos ins Wasser, tauchte ab und verschwand für längere Zeit, bis wir wieder wie gewohnt mit ihr redeten. Es war absolut faszinierend und einmalig, welches Vertrauensverhältnis und Verständnis zwischen uns herrschte und wie sensibel sie auf unser Verhalten reagierte.

Andersherum war es natürlich genauso. Auch wir hatten gelernt, ihr Verhalten richtig zu deuten. Wenn sie beispielsweise zu wittern begann, war dies schon ein untrügliches Zeichen dafür, dass sie etwas Ungewöhnliches wahrgenommen hatte. Falls sie sich dann auch noch ins Wasser zurückzog, war dies ein sicheres Anzeichen für eine drohende Gefahr, egal, ob Mensch oder Tier. So erlebten wir mehr als einmal, dass sie plötzlich im »Stealthmodus« verschwand, ohne dass wir feststellen konnten, warum. Erst fünf Minuten später entdeckten wir z. B. einen Fuchs auf der gegenüberliegenden Uferseite, der zum Mäusefangen umherstreifte. Für fast eine halbe Stunde verschwand sie in einer Biberröhre neben uns. Erst danach kam sie vorsichtig und langsam wieder heraus, schaute mehrfach nach links und rechts, sicherte argwöhnisch, ob die Luft wieder rein war, und erst nach längerem Zureden gesellte sie sich endlich wieder zu uns. Wir waren wirklich ein eingespieltes Team, konnten uns aufeinander verlassen, wussten geradezu, was der andere denkt und als Nächstes tun wird. Sie war übrigens auch die Einzige, die alle ihre Jungtiere bei Hochwasser zuverlässig vor dem Ertrinken retten konnte. Kein Muttertier hat sich je so liebevoll und fürsorglich um ihren Nachwuchs gekümmert wie sie. Wir wissen es nicht genau, aber wir schätzten ihr Alter auf etwa vierzehn Jahre. Sie war übrigens auch die Erste, die eine ihrer Töchter, die »Große«, nicht nach zwei Jahren aus dem Revier vertrieb, sondern weiterhin duldete und ihr das Revier praktisch vererbte.

Die Große

Die »Große«, wie gesagt eine Tochter von Mutti, hat das Revier nach deren Verschwinden übernommen.

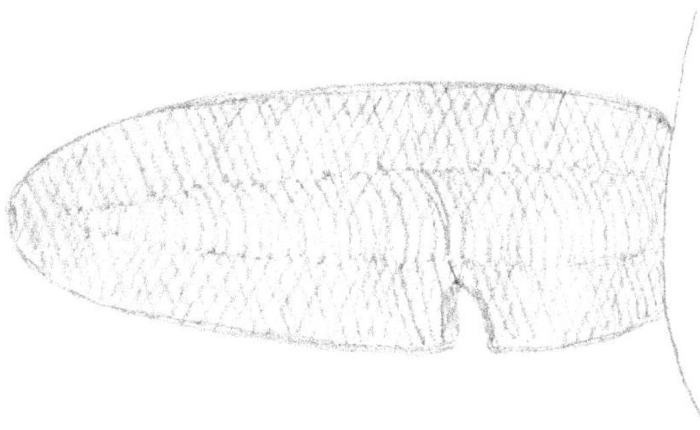

Sie stammt aus einem Wurf mit drei Jungbibern und war die größte der drei Geschwister, daher der Spitzname. Vom Wesen her ist sie sehr aufgeweckt und immer vorsichtig. Gelegentlich bezeichnen wir sie auch als »Schnarch-Ratte«. Obwohl sie als Jungtier immer schon zeitig aus dem Bau kam, um uns zu besuchen, wurde sie später zu unserem Leidwesen zur Langschläferin. Sie ist eher dämmerungsaktiv und nur selten schon am späten Nachmittag unterwegs.

Das Pech verfolgt sie leider immer wieder. Man

sieht ihr wirklich an, wie sie leidet, und uns ergeht es dann natürlich nicht anders. Ihre ersten Jungtiere wie auch einige der folgenden Würfe sind leider ertrunken. »Schliffi«, ihr Männchen, verlor sie aufgrund seiner schweren Verletzungen nach einem Revierkampf. Auch unser kleiner Biber mit Handicap namens »Plüschi« war eines ihrer Jungtiere. Sie ist unheimlich lieb, sucht auch Kontakt zu uns, vertraut uns und kümmert sich sehr liebevoll um ihren Nachwuchs, aber das Glück ist leider nicht auf ihrer Seite. Das hat über die Jahre hinweg seine Spuren hinterlassen.

Dazu haben sicher auch einige schwerwiegende Ereignisse beigetragen, die sich in ihrem Umfeld in den letzten Jahren ereignet haben. Der Wald wurde gerodet, ein Hund wurde zur Aufzuchtzeit der Jungen gegenüber der Burg vom Frauchen immer wieder ins Wasser gelassen, und dann gab es einige schlimme Hochwasser. Sie kann wahrlich nichts dafür, aber mit ihrer Mutter ist sie nicht zu vergleichen.

Frechdachs

Der Name war Programm, denn er hatte sich auf Mundraub bei seinen Geschwistern spezialisiert. Obwohl er sich nur selber ein Ästchen hätte abbeißen können, das ihm quasi zu Füßen lag, bevorzugte er es, seinen Familienmitgliedern das Futter aus den Pfoten zu stehlen. Und dabei stellte er sich wirklich sehr geschickt an.

Das Schema war jedes Mal das Gleiche: Er fiepte lautstark, wenn er sich den älteren Bibern näherte. Machte Nase-Nase, begann an dem Ast des Alttiers scheinheilig irgendwo am anderen Ende zu knabbern, um dann bei der ersten Gelegenheit den Ast mit einem starken Ruck zu klauen und sich damit so schnell wie möglich davonzumachen. Die verdutzten Blicke der älteren Biber werden wir nie vergessen!

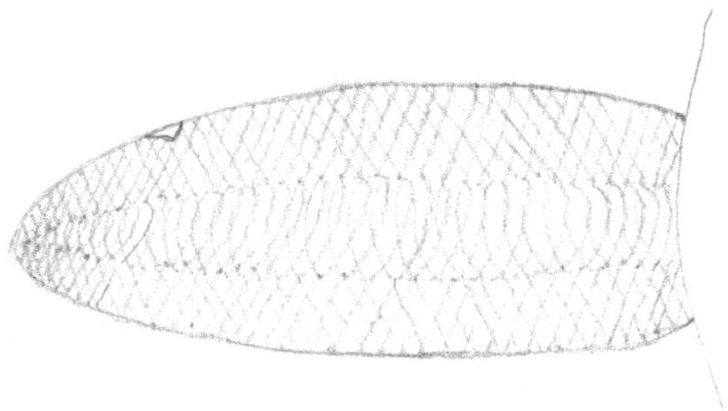

Einige Wochen ließen sie den kleinen Banditen gewähren. Mit zunehmendem Alter wurde sein Verhalten aber immer seltener toleriert. So bekam er immer häufiger eine kleine Abreibung dafür. Er wurde kurze Strecken gejagt, in den Hintern gezwickt oder gar von einem größeren Tier kurz unter Wasser gedrückt. Natürlich war nichts davon eine ernsthafte Bestrafung, und es beeindruckte ihn auch nicht sonderlich, aber es war immer ein unvergleichliches Schauspiel, wenn wir ihn auf seinen Raubzügen beobachten durften.

Er war nicht nur ausgebufft und raffiniert, sondern auch unheimlich neugierig und frech. Wenn er Lust zum Spielen hatte, nahm er selten Rücksicht auf die Belange seiner Geschwister. Er ärgerte sie einfach so lange, bis sie entweder seinem Charme erlagen und mitspielten oder aber genervt wegschwammen und abtauchten. Mit dem gleichen »Feingefühl« wurden wir überfallen, wenn sich sonst kein Spielkamerad fand.

Von Anfang an war er uns gegenüber sehr aufgeschlossen und der Erste, der sich einfach so aus freien Stücken auf unseren Schoß setzte. Er war ein echter kleiner Draufgänger, dem niemand böse sein konnte. Seine Lebensfreude war unbändig; er war kaum zu bremsen.

Kuschel-Blubber

Der »Kuschel-Blubber-Biber« war der anhänglichste von allen. Bei jeder Gelegenheit suchte er die Nähe und Geborgenheit im Körperkontakt. Das war sein bestes Erkennungszeichen. Auf seiner Kelle hatte er nur zwei winzig kleine weiße Flecke.

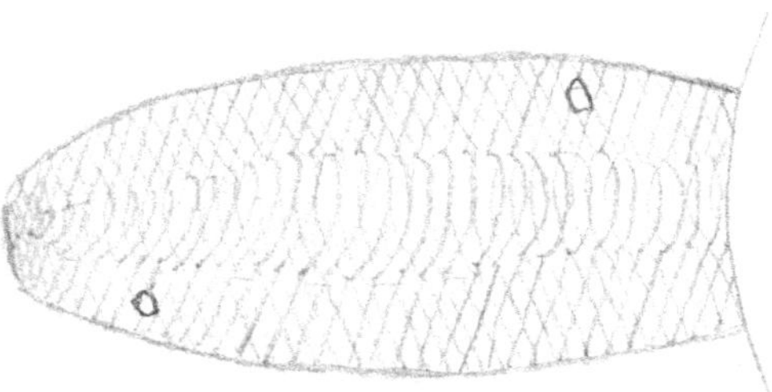

Wenn er bei uns sein konnte, fühlte er sich sichtlich wohl und entspannte sich. Fand er keine Artgenossen, mussten wir herhalten. Er näherte sich relativ unbefangen. Dann kuschelte und drückte er sich mit seinem nassen kleinen Hinterteil an unsere Oberschenkel oder an die Uferböschung, um dort in Ruhe seinen Ast zu verzehren. Das anhängliche Kerlchen schaffte es immer in Rekordzeit, unsere Hosen richtig nass und dreckig zu machen. Bei Sommertemperaturen störte uns das wenig, bei schlechtem Wetter wurde es schnell unangenehm kalt. Aber natürlich kannten wir unsere Pflichten als Kuschelpartner und erfüllten sie mit breitem Grinsen, wenn wir wieder einmal von dem kleinen Kuschelmonster »überfallen« wurden.

Das war übrigens nicht seine einzige spezielle Verhaltensweise, er hatte noch eine weitere Überraschung für uns parat, denn er blubberte gerne. Wir trauten unseren Augen nicht, als wir das zum ersten Mal beobachteten. Er drückte bewusst seine Nase im flachen Uferbereich gerade unter die Wasseroberfläche und atmete aus. Die Luftblasen erzeugen im Wasser dabei lautstarke Blubbergeräusche, so als wenn Kinder über einen Strohhalm Luft ins Limonadenglas pusten. Teilweise machte er das mehrmals am Abend, warum auch immer, jedenfalls hatte er offensichtlich seine Freude daran. Das Verhalten hatte nichts mit Husten- oder Niesreiz zu tun, es machte im wohl einfach nur Spaß. In all den Jahren war er der Einzige, der dieses spezielle Verhalten zeigte. Mit zunehmendem Alter wurde es weniger, aber bis zum Verlassen des elterlichen Reviers legte er es nie ganz ab.

Die »Kloane«

Die Kloane (hochdeutsch: die Kleine) war von Anfang an erheblich kleiner als alle anderen Geschwister. Von Geburt an fehlte ihr auch an ihrer Kellenspitze ein kleines Eck.

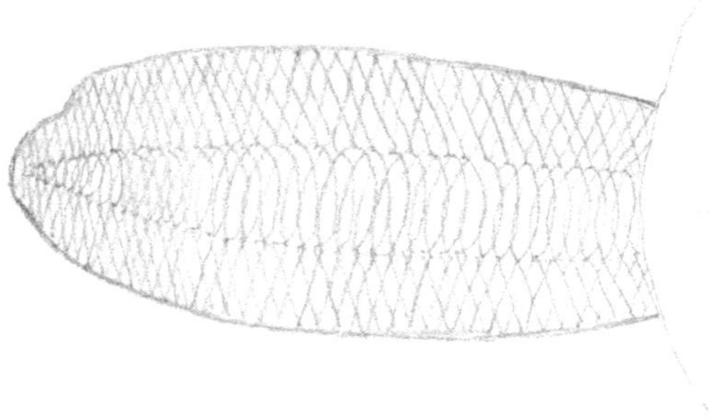

Sie verließ eigentlich permanent als Letzte den Bau und befürchtete immer, beim Fressen zu kurz zu kommen. Daher zeigte sie allen Anwesenden gegenüber einen extrem ausprägten Futterneid, uns natürlich eingeschlossen. Das Witzige dabei war, man sah ihr am Blick schon an, wann sie wieder »zuschlagen« würde. Beim Fressen duldete sie keinerlei Annäherung von Artgenossen, egal welchen Alters. Schon zeitig vorher begann sie zur Warnung laut und mit aggressivem Unterton zu fiepen. Näherte sich trotz dieser Warnung ein Biber auf eine Entfernung von unter 50 Zentimetern, sprang sie blitzschnell auf, drehte sich, wenn nötig im Sprung, um und schlug den Artgenossen durch einen Scheinangriff in die Flucht. Klappte das nicht, wurde demjenigen nachgesetzt und ins Fell gezwickt.

Dieses Verhalten zeigte die Kloane von Anfang an. Es war erstaunlich, dass sie damit sogar die ältesten Geschwister, die mindestens drei bis vier Mal so groß waren wie sie selbst, erfolgreich verscheuchen konnte.

Selbst wir wurden von diesem Verhalten nicht verschont. Es war natürlich harmlos, aber gelegentlich hat sie uns doch mit einer Scheinattacke erschreckt.

Eumel

Wir hatten auch schon einen »Eumel«. Er schwamm bei einem seiner ersten Ausflüge sofort und laut fiepend zu uns und holte sich seine Streicheleinheiten ab, völlig unbefangen und so, als würde er uns schon ewig kennen. Direkt im Anschluss schwamm er samt Ästchen in den Bau zurück. Er war ein echter Wirbelwind, der sich keine Sekunde lang ruhig halten konnte und sich immer extrem eifrig und engagiert zeigte. Daher waren seine Besuche bei uns immer nur kurz aber prägnant. Seine Kelle war makellos.

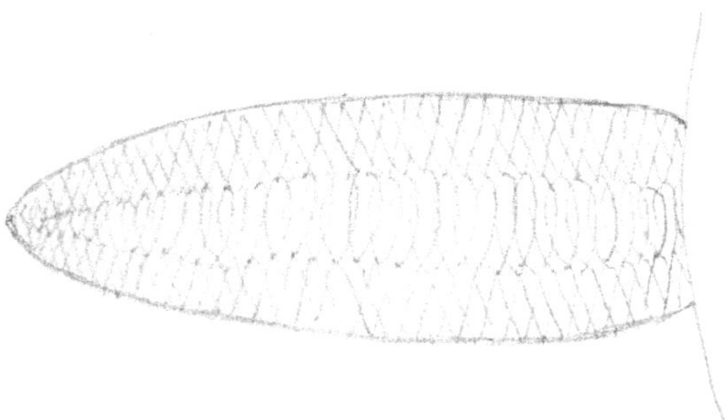

Papa

Von vielen Familienmitgliedern haben wir schon erzählt, doch Papa Biber ist bislang zu kurz gekommen. Um ehrlich zu sein, über ihn gibt es auch nicht so viel zu erzählen wie über die anderen Familienmitglieder. In unseren Vorträgen werden wir oft nach dem Männchen und seinen Aufgaben gefragt. Kurz gefasst ist unsere bisherige Erfahrung: Er erfüllte überwiegend seinen biologischen Zweck, kümmerte sich um die Verteidigung des Reviers und war die ersten fünf Jahre quasi nie zu sehen. Wir hatten schon an seiner Existenz gezweifelt und vermuteten einen netten, charmanten Nachbarn als Erzeuger unserer jungen Biber. Auch bei der Futterbeschaffung für den Nachwuchs hielt er sich vornehm zurück, kam meist als einer der Letzten aus der Burg und glänzte dann hauptsächlich mit stoischer Ruhe.

Letzteres war aber wirklich beeindruckend – gelegentlich fragten wir uns schon, wer hier eigentlich wen beobachtete. Wir hatten Abende, an denen es Papa Biber gerade mal schaffte, herauszutauchen, um sich das nächstgelegene Plätzchen mit Blickrichtung zu uns zu suchen. Am liebsten einen Platz, an dem er bequem auf allen vieren im Wasser stehen oder sitzen konnte, ohne dass er weggetrieben wurde. Er hielt die Augen nur leicht geöffnet und lag da wie ein Baumstamm, ohne auch nur die kleinste Welle zu verursachen. So fixierte und beobachtete er uns die nächste Viertelstunde extrem kritisch. Dann verschwand er tauchend irgendwo im Revier.

Er suchte einfach keinen Kontakt zu uns. Natürlich war das sehr schade, aber jeder Biber ist einfach individuell anders. Nach etwa sechs Jahren verschwand er spurlos.

Wirklich in Kontakt mit uns trat dann der nächste Bibervater, der von heute auf morgen im Revier auftauchte: Wir nannten ihn »Schliffi«, eine bayerische Abkürzung für Schlitzohr. Mitten auf seiner Kelle war auf einer großen Fläche die Kellenstruktur nicht mehr vorhanden, dieser Bereich war einfach weiß.

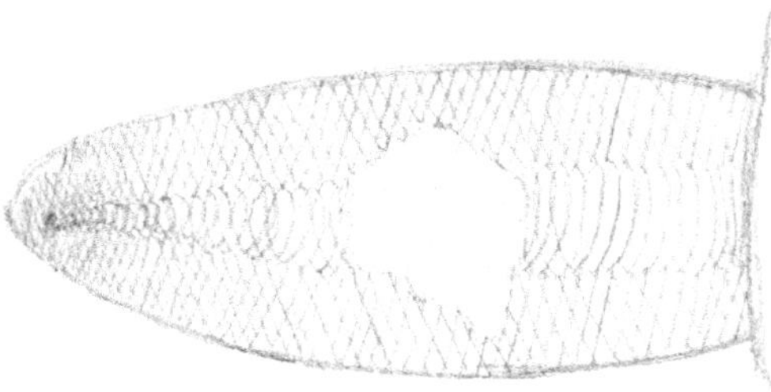

Er machte seinem schlitzohrigen Namen alle Ehre, denn er stibitzte sich regelmäßig etwas von den Weiden, die sich die anderen Biber irgendwo mühsam geholt hatten. Er war bislang der einzige Papa, der sich in unserer Gegenwart so unbekümmert verhielt wie alle anderen Familienmitglieder auch. Er suchte gern unsere Nähe, wir durften ihn sogar streicheln und kraulen, und er war wirklich ein äußerst gutmütiges und liebenswertes Kerlchen. Er hatte irgendwie immer so etwas wie eine ausgelassene und fröhliche Stimmung, war schon fast zu Scherzen aufgelegt, fiepte uns oft an und war nie schlecht gelaunt oder gar so griesgrämig wie sein Vorgänger.

Leider war ihm kein langes Leben vergönnt. Doch diese traurige Geschichte erzählen wir später.

Hasenpfote

Unser ängstlichster Biber war die »Hasenpfote«. Bevor er zu unserem Treffplatz kam, beobachtete er uns immer erst ewig. Meist war er so heimlich, dass wir ihn nur zufällig bemerkten, wie er aus der Ferne unter der

Uferböschung hervorlugte. Er kam nie näher als etwa 1 bis 2 Meter zu uns heran. Er blieb unsicher, war schreckhaft und beobachtete uns sogar dann noch argwöhnisch, wenn der Rest der Familie schon gemütlich bei uns saß. Bei der kleinsten unbedachten Bewegung von uns platschte er sofort weg und ließ sich meist den Abend über nicht mehr blicken.

Die ersten Male erschraken die anderen Familienmitglieder natürlich von seiner Warnung. Aber mit der Zeit wurde die Warnung von den restlichen Familienmitgliedern immer seltener beachtet, man könnte schon fast sagen, sie nahmen ihn nicht mehr recht ernst.

Natürlich ist es sehr bedauerlich, wenn uns ein Biber, aus welchen Gründen auch immer, nicht so recht vertrauen will. Vermutlich gibt es eine Vorgeschichte dazu, die wir nie erfahren werden. Aber Mutter Natur macht das natürlich sehr geschickt. In fast jedem Wurf werden alle grundlegenden Charaktere abgedeckt: ängstlich, zurückhaltend, neugierig oder draufgängerisch. Damit stehen immer alle Optionen offen, ob und wer sich mit welcher Eigenschaft durchsetzen und fortpflanzen kann.

Omi, Mutti, Tochter, Halbgeschwister, Onkel, Tante, Enkel …

Normalerweise verlassen junge Biber nach zwei Jahren das elterliche Revier. Bei uns kommt es immer wieder vor, dass sie eine Fristverlängerung erhalten und sich erst im Herbst oder sogar als Dreijährige auf die Suche nach einem eigenen Heim machen müssen. Dass allerdings die »Große« sogar über ihren dritten Geburtstag hinaus noch geduldet wurde, machte uns mehr als stutzig. Sie kümmerte sich wie alle anderen Familienmitglieder um ihre kleinen Geschwister und half bei der Verteidigung des Reviers. In ihrem vierten Jahr dann die Überraschung: Sie bekam Nachwuchs, und das im Revier ihrer Mutter, die selbst zwei Jungtiere hatte! So war »Mutti« auf einen Schlag zur Großmutter und Mutter geworden.

Die gesamte Familie hielt aber nach wie vor zusammen. Es gab bis auf ein bisschen Futterneid keinerlei Streitigkeiten, und beide Mütter kümmerten sich gleichermaßen um alle Jungtiere. Im Jahr darauf hatten beide sogar jeweils drei Junge. Es war ein echter Flohzirkus und machte riesig viel Spaß. Beim Fotografieren und Filmen wussten wir oft gar nicht, wie uns geschah. Wir konzentrierten uns auf das, was vor unserer Kamera passierte, und derweil saß schon wieder ein kleiner Biber hinter uns und wühlte in unserem Fotorucksack herum. Wir hatten gar nicht genug Augen, um sie alle im Blick zu behalten, und zu wenige Hände, um sie von dem Unfug abzuhalten, der in ihrem Kopf herumspukte.

Es war das Jahr mit den meisten Bibern im Revier. Drei Elterntiere, drei Einjährige und sechs Jungbiber, ab und zu sahen wir noch einen der Zweijährigen – eine absolute Ausnahme. In unserem Biberrevier leben üblicherweise zwischen vier bis acht Biber.

Im darauffolgenden Winter verschwand Mutti, die alte Matriarchin. Es hatte wirklich den Anschein, als hätte sie im Sommer eine familieninterne Revierübergabe eingeleitet. Sie war mit Abstand einer unserer

Lieblinge. Sie war so aufgeschlossen, ging mit ihren Jungtieren so herzlich und liebevoll um … Sie hatte einfach ihre ganz eigene Art, und wir sind bis heute traurig, dass sie nicht mehr da ist.

Dass sich zwei Muttertiere ein Revier teilten, konnten wir übrigens auch noch an einem anderen Standort beobachten. Hier waren es ein größeres und ein etwas kleineres Muttertier (eventuell ebenfalls Mutter und Tochter) mit jeweils zwei Jungtieren. Und auch hier kümmerten sich beide Alttiere unterschiedslos um sämtliche Jungtiere, und es gab kaum Streitigkeiten, von gelegentlichem Gerangel einmal abgesehen. Wer weiß, vielleicht ist diese Art von Gemeinschaftsleben ja bei Bibern durchaus üblich, und es hat bis jetzt nur noch niemand herausgefunden, da man die Tiere ja normalerweise kaum unterscheiden kann.

Der größte Feind der Biber sind die Biber selbst

Es hält sich hartnäckig die Ansicht, dass Biber keine natürlichen Feinde haben. Häufig wird in diesem Zusammenhang darauf hingewiesen, dass der Bestand der großen Beutegreifer Europas (Luchs, Wolf und Bär) in Bayern, lokal gesehen, sehr gering ist. Doch selbst wenn es mehr von den großen Drei bei uns geben würde, hätten sie wohl kaum einen Einfluss auf den Biberbestand. Studien aus Osteuropa belegen, dass trotz zunehmender Population der »großen drei Prädatoren« wider Erwarten auch die Biberpopulation zunimmt. Bis auf wenige kranke oder verletzte Exemplare, die sie erwischen können, sind die Beutegreifer gegen die extrem wachsamen Biber wohl chancenlos. Unzählige Beobachtungen zeigen, dass Biber plötzlich etwas riechen oder hören und sich dann unverhofft ganz lautlos zurückziehen. Wenn wir dabei sind, bemerken wir oft erst Minuten später den Grund dafür, z. B. einen Fuchs, eine Katze oder ein Reh. Die Biber spüren die Anwesenheit anderer Tiere lange vor uns, und so würden sie auch einen sich nähernden Beutegreifer sicher rechtzeitig erkennen.

Die Biberpopulation wird vor allem durch die Biber selbst reguliert, der größte Feind des Bibers ist also der Biber selbst.

Mit den größten Einfluss hat natürlich die Reproduktionsrate. Eine hohe Revierdichte führt zu häufigen Revierstreitigkeiten und damit zu Stress, der bei den Weibchen zu einer sehr niedrigen Geburtenrate führt. In den letzten Jahren werden die Weibchen in dem von uns beobachteten Revier immer häufiger gar nicht trächtig, und es gab keinen Bibernachwuchs.

Des Weiteren ist die Sterblichkeit der Jungbiber sehr hoch. Etwa ein Drittel der Jungtiere überlebt das erste Lebensjahr nicht. Sowohl Tod durch Ertrinken bei Hochwasser als auch Krankheiten sind hier meist die Ursache.

Bei den älteren Bibern ist der größte Risikofaktor die Reviersuche im Alter von zwei Jahren. Mehr als ein Drittel der zweijährigen Biber, die sich auf Reviersuche begeben müssen, kommen dabei ums Leben. Sie müssen besetzte Reviere durchqueren und erleiden bei den Kämpfen mit den Revierinhabern Bissverletzungen, welche sich häufig infizieren und dadurch zum Tod führen. Weitere Todesursachen sind Verkehrsunfälle und die illegalen und legalen Nachstellungen durch Menschen. Doch dazu später mehr im Kapitel »Biberfreunde – Biberfeinde«.

Nimmt man das alles zusammen, dann überlebt nicht einmal jeder dritte Jungbiber seine ersten beiden Lebensjahre. Von einer ungehemmten Vermehrung, wie dies gerne in der Öffentlichkeit dargestellt wird, kann definitiv keine Rede sein. Tatsache ist vielmehr: Würde der Mensch nicht – wie immer – mit seinem Eingreifen alles aus dem Gleichgewicht bringen, dann würden die genannten natürlichen Mechanismen dazu führen, dass sich die Biberpopulation auf etwa 60 bis 70 Prozent des Maximums einpendeln würde. Also vergessen Sie am besten die Mär von den großen fehlenden Raubtieren in Deutschland. Diese würden vermutlich ohnehin abgeschossen, bevor sich überhaupt eine stabile Population entwickeln könnte.

Der Revierdruck wächst – Kämpfe und Verletzungen

Auch im Revier unserer Biber kommt es jedes Jahr zu Revierkämpfen. Eines Tages sprach uns eine Spaziergängerin an, ob wir den Biber in dem kleinen Graben auf der Wiese gesehen hätten. Wir würden uns doch mit Tieren auskennen, und dieser sehe verletzt aus. Wir machten uns auf die Suche und fanden den Biber in einer kleinen Sasse liegend. Er hatte ein stumpfes Fell, döste vor sich hin und reagierte kaum. Wir beobachteten ihn erst mal ein bisschen in der Hoffnung, zu sehen, ob und welche Verletzungen er habe oder ob er krank sei. Da es schon Abend war, dauerte es nicht lange, und er kämpfte sich auf die Wiese zum Grasen. Sofort sahen wir, dass er das rechte Vorderbein überhaupt nicht benutzte.

Jetzt wurde uns auch klar, was wir vor ein paar Tagen bei unseren Bibern erlebt hatten. Wir hatten zwei Biber raufen sehen, es aber für einen »Übungskampf« zwischen den Zweijährigen gehalten. Doch irgendwie wirkte das Ganze ernster als sonst. Nun, offensichtlich war es doch ein echter Revierkampf gewesen, und der Eindringling war vertrieben worden – unter Einsatz der Zähne als Waffe. Diesen fremden Biber hatten wir hier vor uns. Unsere Biber hatten ihn so schwer verletzt, dass er sich in den kleinen Entwässerungsgraben geflüchtet hatte, um weiteren Angriffen zu entgehen.

Wir versuchten, uns so gut es ging um ihn zu kümmern. Wir organisierten einen Weidenast, den wir ihm in die Nähe seiner Sasse legten, damit er sich zumindest satt fressen konnte. Am nächsten Tag untersuchte ein Tierarzt den Biber und versorgte ihn so weit möglich. Durch die heftige Bissverletzung war die Sehne am Arm durchtrennt. Den Arm wird er wohl nie mehr richtig nutzen können. Zumindest gegen die Entzündung und die Schmerzen konnte der Tierarzt etwas unternehmen.

Der Biber konnte freilich nicht mehr kämpfen, in das Gewässer unserer Biberfamilie konnte er auch nicht mehr zurück; das hätte er wohl kaum überlebt. Aus eigener Kraft würde er auch kein eigenes Revier finden. Also kümmerten wir uns noch darum, dass unser Patient ein unbesetztes Biberrevier erreichen konnte, um dort gesund zu werden. Wir schauten eine Zeit lang regelmäßig bei ihm vorbei. Er lebte sich ein, baute eine Burg (graben ging ja schlecht), und nach zwei Jahren gründete er eine Familie. Glück im Unglück könnte man sagen. Die meisten so schwer verletzten Biber überleben nicht.

In unserem Revier kam es vor ein paar Jahren über zwei Monate hinweg zu besonders heftigen Revierkämpfen. Wir sahen zwar nichts davon, aber wir konnten die Folgen beobachten: Unsere Biber hatten auffallend viele und immer wieder neue Verletzungen. Sogar die einjährigen Biber kamen mit Verletzungen zu uns, was sehr ungewöhnlich ist, da die Kleinen normalerweise nicht in die Revierkämpfe involviert sind. Die schlimmste Verletzung hatte Papa Biber (Schliffi) davongetragen; er hatte ein richtiges großes Loch in der Backe, nähere Details ersparen wir Ihnen lieber. Danach hatten unsere Biber aber keine neuen Verletzungen mehr. Sie hatten den Kampf um ihr Revier wohl gewonnen, und wenn Schliffi schon so schwere Verletzungen davongetragen hatte, war der Kampf für den Gegner mit Sicherheit nicht gut ausgegangen.

Der Preis war allerdings sehr hoch. Anfangs sah es so aus, als würde Schliffis Wunde zuheilen, und nach ein paar Tagen fraß er auch wieder ganz normal. Aber nach fünf Wochen war er plötzlich verschwunden. Jegliche Suche blieb vergebens. Vermutlich hatte sich die Wunde doch noch entzündet, und er ist der Verletzung letztlich erlegen. Er hatte für die Zukunft seiner Familie mit dem Leben bezahlt.

Es war das erste Jahr ohne Jungtiere, der Stress der Revierkämpfe war einfach zu heftig für die »Große«, und so wurde sie erst gar nicht trächtig.

In Gebieten, in denen der Populationsdruck besonders

groß ist, regelt sich die Fortpflanzungsrate auf diese Art von selbst. Unter Umständen kommt die Fortpflanzung der Biber sogar ganz zum Erliegen, wie in diesem Fall.

Das weitere Jahr war, gelinde gesagt, eine Katastrophe. Da die Jungtiere fehlten, bestand für den Rest der Familie keine Notwendigkeit mehr, sich zeitig auf Nahrungssuche zu begeben. Sie mussten sich auch nicht mit den Jungtieren beschäftigen und nicht auf sie aufpassen. In der Folge lösten sich die engen Familienbande mehr oder weniger auf. Jedes Tier war zu beliebigen Zeiten irgendwo unterwegs, und sie schliefen verteilt in den Burgen im Revier, nicht wie sonst üblich zusammen in der Hauptburg.

So bekamen wir unsere Biber nur selten und einzeln zu Gesicht. Wenn sie vorbeikamen, suchten sie wie immer den Kontakt zu uns, aber es war anders als sonst: die Verbindlichkeit fehlte.

Es war wirklich mehr als offensichtlich, dass das ganze soziale Familienleben massiv unter dem »kinderlosen Sommer« litt. An eine so schöne und entspannende allabendliche Zusammenkunft wie sonst war nicht zu denken. Das Ganze ist ein natürlicher Vorgang, es aber hautnah miterleben zu müssen, ohne eine Aussicht auf Besserung der Situation für den Rest des Jahres, war für uns sehr traurig.

Was wurde eigentlich aus unseren Jungbibern?

Oft werden wir gefragt, was eigentlich aus den vielen Jungbibern geworden ist, die in »unserer« Biberfamilie geboren wurden. Kurz gesagt: Wir wissen es nicht. Und auch wenn uns klar ist, dass das bei Wildtieren nun mal nicht zu ändern ist, finden wir das sehr schade. Wir haben sie ja in ihren ersten zwei bis drei Lebensjahren fast täglich begleitet. Haben sie ein eigenes Revier gefunden und eine Familie gegründet, oder sind sie bei der Reviersuche gestorben? Wurden sie vielleicht beim Überqueren einer Straße überfahren, vielleicht sogar illegal getötet oder abgefangen? Wir konnten sie nur eine kurze Zeit begleiten, und für die einmaligen Stunden mit ihnen sind wir sehr dankbar. Sobald sie das Revier verlassen, bleibt uns nichts anderes übrig, als zu hoffen, dass ihnen ein langes, gutes Leben beschieden ist.

Was übrigens nicht heißt, dass wir nicht versucht hätten, sie ausfindig zu machen. Die Suche nach ihnen gleicht aber einem unmöglichen Unterfangen. Dafür müsste man die Tiere mit einem Sender ausstatten. Abgesehen davon, dass dies genehmigungspflichtig ist, würden wir ihnen das natürlich nie antun.

Gelegentlich sind wir in anderen Biberrevieren der näheren Umgebung Bibern begegnet. Dabei ist es auch schon vorgekommen, dass der vermeintlich fremde Biber auf unsere Ansprache reagierte, sich näherte und nur wenig Scheu zeigte. In anderen, sehr weit entfernten Biberrevieren reagieren die fremden Biber »normal«: Sie tauchen ab oder platschen einfach davon. So liegt für uns die Vermutung nahe, dass es sich bei den weniger scheuen Bibern vielleicht doch um ehemalige »Familienmitglieder« handelte, die uns wiedererkannt haben.

Schreck in der Abendstunde

In einem der ersten Jahre beobachteten wir, während wir wie so oft auf die Biber warteten, eine Fledermaus. Sie fing einen Nachtfalter, landete auf einem Baum und fraß ihn. Erstaunlicher Weise landete sie fast immer annähernd an derselben Stelle. Was für eine Gelegenheit! Also raus aus der Hose und mit Kamera und Stativ bewaffnet bis zur Brust rein ins Wasser. Die Fledermaus ließ sich nicht stören, und so entstanden einige unserer ersten Fledermausbilder.

Dann kamen ein paar große Wellen, und als ich mich umdrehte, schwamm hinter mir ein großer Biber, stockte, beäugte mich eine ganze Weile kritisch und tauchte schließlich ab. Mir war die Sache nicht ganz geheuer, ich wartete eine ganze Weile, doch dann kam die Fledermaus wieder, und ich fotografierte weiter.

Plötzlich, ganz und gar unvorbereitet, spürte ich, wie von hinten kräftige Krallen rechts und links von innen meine Oberschenkel auseinanderdrückten und ein Biber genau unterhalb meiner »Kronjuwelen« durchflutschte. Mir stockte der Atem, ich schrie leise auf vor Schreck. In diesem Moment tauchte zwischen mir und dem Stativ ein Biber auf und schaute mich frech an nach dem Motto: »Hallo, was machst du denn da?« Zwischen Schock und Erleichterung schimpfte ich den kleinen Biber natürlich aus, und er verschwand dann auch gleich wieder.

Bald darauf wurde uns klar, was passiert war: Der Eingang zu einem der Biberbaue befindet sich direkt unter dem Baum, auf dem die Fledermaus immer landete und vor dem ich mit der Fotoausrüstung stand.

Ich war also schlicht im Weg; der Kleine konnte gar nicht anders, als zwischen meinen Beinen durchzutauchen. Mir stehen heute noch alle Haare zu Berge, wenn ich daran denke, aber das Ganze war wie immer völlig harmlos.

Noch haben wir alle Finger

Wie immer saßen wir bei unserer Biberfamilie, die gerade ganz entspannt Pappelblätter von einem Ast zupfte. Die Kleinen tollten um uns herum, und ich versuchte die Bande zu fotografieren und konzentrierte mich auf sie. Plötzlich stand Mutti direkt vor Tina und machte Männchen. Wie so oft saß Tina auf dem Boden. Beide waren jetzt gleich groß – Aug in Aug schauten sie sich an. Dann zog sich Mutti etwas zurück und nahm Tinas Hand mit ihren Pfoten, schnupperte daran, untersuchte die Hand, zog die Finger etwas auseinander, untersuchte auch diese und schwupps, war ein Finger zwischen ihren Zähnen, wie ein Ast, den sie gerade durchbeißen wollte. Uns wurde ganz anders, was sollten wir tun? Den Finger durchzubeißen wäre für einen Biber eine leichte Übung, die Hand zurückzuziehen hätte unweigerlich zumindest eine Schnittverletzung zur Folge. Und was, wenn die Bibermutter erschrak und deshalb erst recht zubiss? Tina standen die Schweißperlen auf der Stirn. Ich saß schräg hinter ihr und beobachtete das »Schauspiel« mit nicht minder gemischten Gefühlen.

Tina tat das einzig Sinnvolle. Sie hielt sich einfach nur ganz ruhig, redete leise und beruhigend auf Mutti ein, und siehe da, die Bibermutter ließ die Hand los. Nichts war passiert, alles gut gegangen.

Bei dieser Gelegenheit fanden wir heraus, wie Biber zwischen Fressbarem und nicht Fressbarem unterscheiden. Mutti hatte Tinas Finger zwischen den Zähnen und schmeckte mit der Zunge gegen den Finger, ob der für sie als Vegetarier genießbar wäre. Fast immer schnuppern Biber zuerst, bevor sie etwas fressen, und nehmen es dann ins Maul, um mit der Zunge zu testen, ob es fressbar ist oder eben auch nicht. Tinas Finger wurde als ungenießbar eingestuft, und Mutti ließ davon ab.

Dieses Schauspiel hat sich inzwischen zahllose Male wiederholt. Die gute Nachricht: Bis heute sind alle Finger an unseren Händen unversehrt geblieben, und wir haben noch nicht einen Blutstropfen bei den Bibern verloren, einmal abgesehen von den fast unerträglichen Mückenschwärmen im Sommer.

Es ist faszinierend, im wahrsten Sinne des Wortes »hautnah« mitzuerleben, dass sich die Biber ihrer rasiermesserscharfen Zähne absolut bewusst sind und mit welchem Feingefühl und welcher Feinmotorik sie sie einsetzen.

Die Rasselbande – ein Biberbild geht um die Welt

Ich wollte unsere Biber von einem anderen Platz als sonst fotografieren. Ein schwieriges Unterfangen, denn selbst nach all den Jahren spielen unsere Biber bis heute bei einem Platzwechsel meist tagelang nicht mit. Es sollte eine tiefe Perspektive sein, ich wollte die Biber vorbeischwimmend fotografieren, so der Plan. So saß ich also am Uferrand und wartete. Und wartete und wartete. Endlich sah ich ein paar Wellen rechts von mir, es wurde ruhig, dann die nächsten Wellen links von mir, fünf Mal das Ganze in kurzen Abständen. Dann lautes Platschen und viele Wellen von links. Die kleinen Biber hatten mich ausgetrickst und an der Nase herumgeführt. Offenbar passierten sie mich nur tauchend, um weiter abwärts an einem im Wasser liegenden Baum zu spielen. Unzählige Büsche, eine leichte Kurve; keine Chance, von meinem Platz aus ein Foto zu machen. Da half mal wieder nur runter mit der Hose, rein ins kalte Wasser und vorsichtiges Anpirschen zu den kleinen Bibern. Die posierten und tollten auf, unter und neben dem Baumstamm herum, versuchten sich gegenseitig ins Wasser zu schubsen, sich gegenseitig in den Hintern zu zwicken und die Geschwister am Raufklettern zu hindern. Das Spiel war für mich sehr unterhaltsam, ein großartiges Hin und Her, das eine ganze Weile andauerte.

Nach langem und vorsichtigem Anpirschen stand ich dann vor ihnen im Wasser und gab wohl ein eher klägliches Bild ab – ein im eiskalten Wasser stehender, käsiger Naturfotograf, halb nackt in der Unterhose und nur mit seiner Kamera bewaffnet. Umschwärmt von unzähligen Mücken, die ihn hemmungslos aussaugten, und nur von der Hoffnung getrieben, ein paar Bilder von dieser Rasselbande machen zu können. Gespannt hielten die jungen Biber kurz inne und grinsten mich förmlich an. Es machte den Eindruck, als würden sie extra für das Bild posieren. Und schon tollten sie wieder weiter. Was haben sie wohl in dem Moment von mir gedacht? Zum Glück konnten die Biber von mir keine Aufnahme machen. Dieses Bild wäre wohl nicht weniger amüsant gewesen.

An diesem Abend entstand eines der wohl berühmtesten Biberfotos. Es ist mit Abstand unser Lieblingsbild. Fotografisch gesehen ist es sicher nicht perfekt. Sieht man sich die drei kleinen Kerlchen aber genauer an, bleibt einem gar nichts anderes übrig, als zu grinsen. Biber sind genauso schlau, raffiniert und knuffig, wie sie auf diesem Bild aussehen, und jeder der Kerle hat seine ganz eigene Persönlichkeit.

Es war das einzige Jahr, in dem es fünf kleine Biber gab. Von diesem »Flohzirkus« ein Foto zu machen, auf dem alle auf dem Baum hockten, war unmöglich. Irgendeiner war immer irgendwo anders unterwegs.

Das Foto von unserer Rasselbande ging um die ganze Welt. Es wurde in unzähligen Medien veröffentlicht und zieht die Betrachter wie kein anderes Biberfoto in seinen Bann. Diese drei Biber inspirierten schon dazu, Gedichte zu schreiben, dienten als Vorlage für Zeichnungen und Malereien, und zuletzt wurden sie in die Geschichte eines Kinderbuchs eingebaut. Wenn wir gefragt werden, wie Biber sind, dann ziehen wir eine Postkarte von unseren Dreien heraus und sagen, sie sind genauso, wie sie auf dem Bild hier aussehen.

Eigentlich kann sich niemand der Wirkung dieses Bildes entziehen. Selbst knallharte Bibergegner können sich ein Grinsen nicht verkneifen.

»Plüschi« – die traurige Geschichte eines kleinen Bibers mit Handicap

Es war wieder einmal eine neue Saison, und die Jungtiere der »Großen« durften endlich aus dem Bau. Es waren drei nette Kerlchen. Uns wunderte bloß, dass einer der Jungbiber immer so aussah, als wäre er gerade frisch trockengeföhnt worden. Sein Erscheinungsbild war auffallend plüschig und knuffig. So bekam er seinen Spitznamen »Plüschi«. Wie jede Kelle war auch die seine einzigartig.

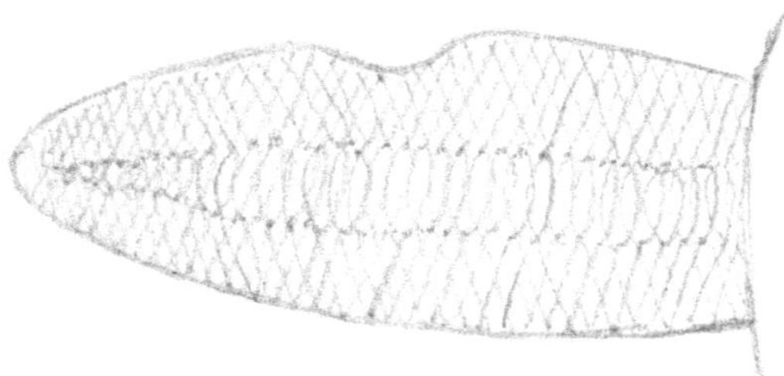

Doch die Begeisterung währte nicht lange. Nach ein paar Tagen stellten wir traurig fest: Plüschi konnte nicht abtauchen. Es sah so aus, als wäre seine Wirbelsäule nicht beweglich genug. Dadurch konnte er seinen Rücken nicht stark genug krümmen, um unter die Wasseroberfläche zu gelangen. Seine Gelenke waren geschwollen und wurden von Tag zu Tag dicker. Durch sein Handicap konnte er nicht in den Bau zu seiner Familie tauchen und musste deshalb den Tag allein irgendwo draußen am Ufer versteckt verbringen.

Plüschi erwartete uns jeden Tag, und wenn er unsere

Stimmen hörte, watschelte er uns so weit wie möglich entgegen. Sobald wir uns hinsetzten, legte er sich zwischen unsere Beine und schlief sofort tief und fest ein. Er konnte ja tagsüber nicht wirklich schlafen: allein unter freiem Himmel, die vielen Geräusche und Gerüche, das helle Licht, die heiße Sonne, all die Gefahren …

Eigentlich gibt es gar nicht viel mehr zu sagen, es zerriss uns regelrecht das Herz. Was für ein armes Kerlchen! Natürlich versuchten wir ihm zu helfen. Sein Elend überschattete unsere sonstige Freude über die Jungbiber. Wir verbrachten so viel Zeit wie möglich vor Ort und saßen teilweise vom Nachmittag bis tief in die Nacht mit diesem einen hilflosen, anhänglichen und fest schlafenden Biber am Ufer. Er suchte unsere Nähe, und wir brachten es nicht übers Herz, ihn aufzuwecken. Bald bauten wir einen kleinen Unterschlupf für ihn, damit er wenigstens etwas Schutz vor Wind, Wetter, Licht und Hitze fand.

Aber nicht nur wir kümmerten uns um ihn. Auch seine Familienmitglieder verbrachten mehr Zeit als üblich mit Plüschi. Er wurde jeden Abend herzlich von seiner Familie begrüßt. Sie brachten ihm Nahrung, putzten und kraulten ihn. Es war das Erste, was sie taten, wenn sie abends aus dem Bau kamen und bei uns erschienen.

Es war eine echte Tragödie, was sollten wir denn tun? Wir möchten hier keine Details ausführen, aber wir versuchten wirklich alles Menschenmögliche. Doch die Situation verschlechterte sich zusehends. Nach ein paar Wochen war er eines Abends plötzlich nicht mehr da, und wir konnten ihn nicht mehr finden, so sehr wir auch suchten. Die Natur hatte ihren Lauf genommen, das war uns klar. Aber es ist nur schwer zu ertragen, wenn man ein solches Leid über längere Zeit aus nächster Nähe miterlebt. Beim Schreiben dieser Geschichte haben wir ehrlich gesagt wieder feuchte Augen bekommen.

Und nicht nur wir waren traurig, die ganze Biberfamilie war viele Wochen durch den Wind. Es war einfach nichts mehr so wie vorher. Tagelang schwammen sie suchend und fiepend umher und fanden keine Ruhe. Es dauerte lange, bis die Tiere wieder in ihren normalen Rhythmus zurückfanden. Nach all unseren Beobachtungen und Erfahrungen steht für uns völlig außer Frage, dass auch die Biberfamilie ihren Plüschi vermisste, ihn suchte und um ihn trauerte. Das Schicksal des kleinen Plüschi überschattete den ganzen Sommer, und die Freude an unserer Arbeit war über lange Zeit stark gedämpft.

Die Katastrophe – unsere Biber besuchen uns plötzlich nicht mehr

Natürlich versuchen wir so weit wie möglich geheim zu halten, wo unsere Biberfamilie lebt und was wir vor Ort tun. Wir wollen das Vertrauen unserer Biber nicht missbrauchen. Es ist mit das höchste Gut in unserer Freundschaft. Ein Biberhasser würde ausreichen, um alles zu zerstören.

Doch trotz aller Vorsichtsmaßnahmen – auch aus unseren Fotos ist z. B. nicht zu entnehmen, wann und wo sie aufgenommen wurden – gibt es regelmäßig immer wieder nervige und auch besorgniserregende Störungen, die uns und den Bibern das Leben schwer machen. Am häufigsten sind Störungen durch die Landwirtschaft sowie durch Spaziergänger mit Hund. Dann kommen Fischer, Jäger und die Forstwirtschaft.

Jeder Quadratzentimeter Grund und Boden in Deutschland gehört irgendjemandem, und diese Eigentümer nutzen oder kontrollieren natürlich ihre Flächen mehr oder weniger regelmäßig. Die Nutzung variiert stark über die Jahreszeiten hinweg. Mit ein paar Umwegen unsererseits und etwas Warten im Gebüsch können wir dem Problem meist elegant aus dem Wege gehen, aber es gibt auch Fälle, in denen wir an unserem Bibertreffpunkt von unliebsamen Personen überrascht werden, so sehr wir das auch zu vermeiden versuchen.

Wenige, geringfügige Störungen sind für die Biber kein Problem, aber vor vier Jahren hatten wir eine wirklich unglaubliche Pechsträhne. Im April, ein paar Wochen bevor die »Große« ihre Jungtiere setzt, ist sie meist sehr vorsichtig. Alles ist wohlüberlegt, da im Fall des Falles ein Umzug in einen anderen Bau mit den Jungtieren nicht mehr so einfach möglich ist.

Wir hatten das Pech, dass ausgerechnet zu diesem sensiblen Zeitpunkt eine Hundehalterin entdeckt hatte, dass die Wiese bei uns perfekt für einen Spaziergang ist und man sich gemütlich ans Ufer setzen kann. Da sie immer am Abend unterwegs war, entging uns die ungebetene Besucherin nicht, aber wir konnten auch nicht mehr ungesehen das Weite suchen und versteckten uns im Gebüsch, solange sie da war. Besagte Dame rauchte eine Zigarette nach der anderen und warf dem Hund Stöckchen ins Wasser. Zu allem Überfluss kläffte der Hund auch noch ständig ohrenbetäubend und gehorchte seinem Frauchen überhaupt nicht. Fast täglich konnten wir die beiden am Ufer beobachten. Uns bemerkten sie zum Glück nie.

Das Hauptproblem war, dass das alles nur wenige Meter von der Erdburg (ein unsichtbarer Biberbau in der Uferböschung) unserer Biber entfernt stattfand. Die Hundebesitzerin wusste das sicher nicht, und sie handelte wahrscheinlich auch nicht in böser Absicht. Für uns und die Biber war es trotzdem eine Katastrophe. Um unser »Geheimnis« nicht preiszugeben, konnten wir uns nur mit der Situation abfinden und hoffen, dass sie keine Konsequenzen haben würde. So sind wir nahezu täglich für mehr als eine Stunde im Busch gesessen und haben danach keinen Biber mehr zu Gesicht bekommen, da die Tiere durch die Störung natürlich verschreckt waren und es für sie wohl unerträglich nach fremdem Menschen, Hund und Zigarettenkippen stank.

Wir waren eigentlich schon mehr als bedient, aber es kam noch schlimmer. Etwa zur gleichen Zeit, es war schon abends nach zwanzig Uhr, plötzlich ein Höllenlärm, helle Scheinwerferkegel wie bei Flutlichtanlagen. Die Biber tauchten laut platschend ab, und wir packten zusammen und wollten sehen, woher Licht und Lärm kamen. Es rückten große Holzprozessoren und Häcksler an und begannen damit, etwa ein Hektar Wald in unserer unmittelbaren Nähe niederzumachen. Über mehrere Tage hinweg herrschten unerträglicher Krach und Gestank. Dann zogen die schweren Maschinen ab, das Holz lagerte am ehemaligen Waldrand. Die Äste wurden die nächsten Tage zusammengetragen und in großen Feuern verbrannt.

Biber sind vornehmlich durch das Tageslicht gesteuert.

Noch schlimmer als der ganze Krach war die Tatsache, dass es durch die jetzt fehlende Beschattung, die der Wald bisher geleistet hatte, in der Burg es so hell und so warm war, dass die Biber ihre gesamte Aktivität schlagartig komplett in die tiefe Nacht hinein verschoben. Daran war zunächst nichts zu ändern. Wir hofften einfach, dass jetzt endlich Ruhe einkehren würde.

Doch weit gefehlt. Der Wald war weg, und aus welchen Gründen auch immer waren plötzlich so viele Fischer wie noch nie in dem Gebiet unterwegs. Offensichtlich war Rauchen wieder »in«, denn auch die Fischer saßen ständig Zigaretten rauchend und Bier trinkend bis in die späten Nachtstunden in der Nähe der Biberburg herum und unterhielten sich lautstark. Sie hinterließen Müll, Zigarettenkippen, leere Wurmdosen und die Reste ihrer Lagerfeuer. Wir machten uns große Sorgen darüber, wie sich die Situation weiter entwickeln würde, und fragten uns, ob wir irgendetwas unternehmen könnten.

Bis auf ein paar Wellen bekamen wir unsere Biber überhaupt nicht mehr zu Gesicht. Sämtliche Tricks, die wir normalerweise in schwierigen Situationen anwenden, fruchteten nicht mehr.

Wie es der Teufel wollte, wurde das Gebiet auch noch an einen neuen Jäger verpachtet. Die Jahre zuvor war es, was die Jagdausübung anging, sehr ruhig gewesen. Jetzt wurden plötzlich überall Kanzeln, Leitern und Ansitze errichtet, und tatsächlich war der Jäger auch ständig bis in die späten Nachtstunden dort zugange. Zu allem Übel war uns so der Heimweg versperrt, wenn uns der Jäger nicht bemerken sollte. Herauszufinden, wo er sich gerade aufhielt, war extrem schwierig.

Bei all dem Pech in diesem Jahr hatten wir es auch noch mit einem »Spezialfall« zu tun. Die Jagd schien eher zweitrangig zu sein. Stattdessen erlebten wir einen ständig auf dem Ansitz sitzenden, Zigaretten rauchenden Mann, der seinen Jagdhund samt Futter und Wasserschüssel unter der Leiter ablegte ... In der Jagdkanzel lagen sogar scharfe Gewehrpatronen herum, eigentlich ein Grund, ihm sofort den Jagdschein aufgrund mangelnder Zuverlässigkeit zu entziehen. Versuchte er, ein Reh oder einen Fuchs zur Strecke zu bringen, benötigte er jedes Mal mindestens zwei Schüsse dazu – in Bayern bezeichnet man so einen als »Flickschuster«. Als Kugelfang verwendete er den Wald, in dem wir saßen, ohne dass er jemals überprüfte, ob jemand in dem Waldstück auf dem Wanderweg unterwegs war (was nicht selten vorkam; auch spätabends wurde der Weg noch von Spaziergängern genutzt). Damit er überhaupt irgendetwas vor die Büchse bekam, wurde über das ganze Jahr hinweg eimerweise angefüttert; von Kirrung, also Kleinmengen, konnte gar keine Rede sein. Bei so viel geballter »Kompetenz« und jägerischem »Können« kann einem eigentlich nur angst und bange werden.

Nur damit jetzt kein falscher Eindruck aufkommt: Ich stamme aus einer Fischer- und Jägerfamilie, bin also mit dem Umfeld von Kindesbeinen an bestens vertraut. Doch leider gibt es immer mehr Jäger, die eigentlich gänzlich ungeeignet sind und weder Waffen besitzen noch führen sollten. Wenn man dagegen das Wort erhebt, wird sogleich von den Jägern als »Naturschützern« und von »Hege und Pflege« gesprochen. Angeblich haben diese Leute alle das »grüne kleine Abitur« gemacht und sind unglaublich fachkundig. Ja, es gibt solche Jäger, aber heutzutage machen sie leider nicht einmal mehr 10 Prozent der Jägerschaft aus. Und was das »grüne kleine Abitur« angeht: Man kann es teilweise in vierzehntägigen Kursen erlangen. So viel zu diesem Thema.

Wochenlang warteten wir vergeblich auf unsere Biber. Dann das nächste böse Kapitel: Kurz bevor die Biberjungen auf die Welt kommen sollten, roch es ganz furchtbar faulig und übel an unserem üblichen Treffpunkt. So, als würde etwas in unmittelbarer Nähe verwesen. Doch der Geruch war schnell wieder verschwunden, und erst nachdem wir ihn ein paar Mal wahrgenommen hatten, machte ich mich auf den Weg, um die Ursache zu finden. Es war auch gar nicht so leicht, dabei unbemerkt zu bleiben. Dann jedoch traute ich meinen Augen kaum: Ziemlich genau gegenüber von unserem Bibertreffplatz, auf der anderen Uferseite, hatte der neue Grünkittel die Schädel, Innereien, Läufe, das Fell und weitere Schlachtabfälle von drei Rehen einfach hinter einen Baum am Ufer gekippt. Heerscharen von Maden machten sich schon darüber her, der Gestank war bestialisch. Was für eine Sauerei und Verantwortungslosigkeit, nur 2 Meter vom Wasser entfernt Schlachtabfälle derart zu »entsorgen«! So etwas ist übrigens auch schlichtweg verboten.

Ich habe dann in einer Nacht- und Nebelaktion die Kadaverreste weitab ordnungsgemäß entsorgt und vergraben, denn selbst wir konnten den Gestank mittlerweile schon nicht mehr ertragen. Wie unerträglich musste dies erst für die feinen Nasen der Biber sein! Trotz allem blieb der Gestank durch die versickerten

Verwesungsflüssigkeiten noch im Boden. Sogar wir rochen ihn noch sehr lange.

So kam es, wie es kommen musste: Unsere Biber zogen um, verhielten sich von Tag zu Tag zunehmend verunsichert und verstört und mieden komplett unsere Nähe. Wir sahen nicht einmal mehr ein paar Biberwellen. Frühling und Sommer waren sehr heiß und trocken, und so begannen viele Fische nach Luft zu schnappen, um nicht zu ersticken. Die dadurch entstehenden Wellen sehen Biberwellen extrem ähnlich. So keimte jedes Mal wieder neue Hoffnung in uns auf, dass wir endlich unsere Biber sehen würden. Doch leider vergeblich, es waren immer nur die Fische. Unsere Biber kamen erst bei völliger Dunkelheit, viele Stunden später als üblich, aus dem Bau.

Wir investierten viele Wochen und Monate, aber vergeblich, wir konnten keinen Kontakt mehr zu unserer Biberfamilie herstellen, die Tiere ließen sich einfach nicht mehr blicken.

Es lässt sich gar nicht recht in Worte fassen, wie uns zumute war. Wir waren zu tiefst betrübt und besorgt. War jetzt, nach fünfzehn Jahren, der Zeitpunkt gekommen, vor dem wir uns schon so lange gefürchtet hatten? War das jetzt das unrühmliche Ende unserer Beziehung zu den Bibern? Gab es überhaupt noch eine Zukunft? Wie sollten wir weitermachen? Was konnten wir noch ausprobieren oder ändern? Wo könnten wir uns noch hinsetzen? Zu viele Experimente und Veränderungen würden erst recht für Unruhe sorgen. So waren wir nach Hunderten Stunden vergeblichen Wartens am Tiefpunkt angekommen und beschlossen schweren Herzens, uns für längere Zeit von unseren Bibern zu verabschieden. Uns war klar, dass unsere Freundschaft zu unseren Bibern damit wohl endete.

Das Ganze ging mit vielen schlaflosen Nächten, Sorgen und auch der einen oder anderen Träne einher. Aus dem Kopf ging uns das Thema Biber trotz allem nicht. Wir versuchten, uns mit anderen Projekten abzulenken, was uns aber nicht so recht gelingen wollte. Gelegentlich statteten wir Familie Biber trotzdem einen Besuch ab, doch leider vergeblich. Wir wollten es einfach immer noch nicht wahrhaben.

Im nächsten Sommer, fast ein ganzes Jahr später, starteten wir dann eine echte Offensive. Wir hatten ein Jahr lang keinen unserer Biber mehr gesehen oder getroffen. Endlich, kurz vor Einbruch der Nacht, sahen wir typische Biberwellen, doch was für ein Kerlchen war das überhaupt? Was war in dem verlorenen Jahr geschehen? Hatten unsere Biber überhaupt noch ihr Revier inne oder hatten sie es bei Revierstreitigkeiten verloren? War ihnen nachgestellt worden? Und wenn sie doch noch da waren – würden sie uns überhaupt wiedererkennen und wieder Vertrauen fassen? Oder würden wir plötzlich um sechzehn Jahre zurückgeworfen und mussten ganz von vorn anfangen? Fragen über Fragen, ausgelöst durch ein paar Biberwellen.

Wir fingen wieder an, mit unserer Biberfamilie zu reden, in der Hoffnung, dass sie unsere Stimmen erkennen würden. Wir hofften, dass sie sich an uns erinnern und mit ganz viel Glück sogar wieder ein wenig Vertrauen zu uns fassen würden. Eine halbe Stunde später, wir konnten es gar nicht glauben und waren überglücklich: Unsere »Große« kam zögerlich und mit großer

Unsicherheit näher, zwickte sich unmittelbar vor uns einen kleinen Weidenast am Ufer ab, fraß ein bisschen davon und verschwand langsam mit ihrem Ast. Wir freuten uns unglaublich darüber: Endlich hatten wir wieder einen Hoffnungsschimmer. Offenbar erinnerte sie sich noch an uns. Andererseits, warum auch nicht, wir waren schließlich schon seit vielen Jahren Familienmitglieder und hatten über die Zeit hinweg viele Höhen und Tiefen mit den Bibern durchlebt. Sie kannten unseren Geruch und unsere Stimmen, nie hatten wir ihnen etwas Böses angetan, und auf einmal saßen wir wieder an unserem Treffplatz. Natürlich fassten wir sofort wieder Mut, schöpften Hoffnung und besuchten die Biber wieder regelmäßig.

Aber es war nicht alles so wie früher, in dem verpassten Jahr hatte sich doch einiges getan und verändert. Unsere Bibermutter hatte zwei Junge bekommen, die uns aber nicht kennengelernt hatten, als sie noch klein, unbefangen, verspielt und neugierig waren. Sie hatten von den älteren Geschwistern und ihren Eltern nicht gelernt, dass wir quasi Biber ehrenhalber sind. So waren wir den Kleinen weiterhin suspekt, und sie konnten es anfangs gar nicht fassen: Wie konnte es sein, dass sich ihre sonst so vorsichtige und scheue Mutter uns einfach so unbefangen näherte? Sie hätte doch vor Gefahr warnend platschen und abtauchen müssen!

Nach vielen Tagen fassten auch die jungen Biber langsam mehr Vertrauen zu uns und kamen näher. Sie akzeptierten uns an unserem Treffpunkt, hatten auch keine Scheu mehr vor uns, aber der Umgang wurde nie so innig, wie wir das von früher gewohnt waren. Sie waren einfach schon zu groß geworden. Es machte sich bemerkbar, dass uns unzählige Stunden ihres ersten Lebensjahres fehlten. Das konnten wir auch nicht mehr aufholen.

Die Situation wurde aber wieder besser; die folgenden Bibergenerationen lernten uns wieder von klein auf kennen, und langsam entwickelte sich alles wieder so wie zuvor. Hoffentlich ereignet sich so eine Katastrophe nie mehr wieder!

Endlich wieder Jungtiere!

Nachdem unsere Biber ein paar Jahre kaum Nachwuchs hatten, freuten wir uns umso mehr, als in einem Juni endlich mal wieder vier Jungbiber für Leben in der Bude sorgten. Wir nannten sie Anton, Paule, Pummelchen und Raufbold. In diesem Sommer ging es endlich wieder richtig rund, die vier waren nicht zu bremsen.

Pummelchen – der Name ist Programm. Er ist erheblich größer, stärker und dicker als die anderen, und auf der Kelle hatte er zwei lange Narben.

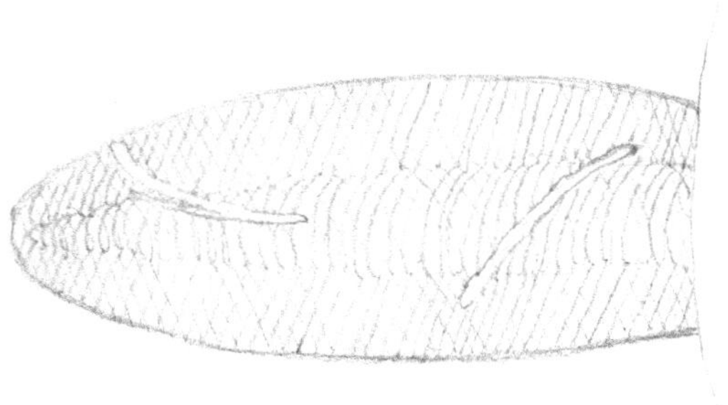

Natürlich war er auch immer der Erste am Treffpunkt, und wir sahen ihn fast nie ohne einen Ast in seinen Pfoten. Nicht, dass er verhungern muss!

Paule war ganz ein ruhiger und zutraulicher Kamerad. Umso mehr verwunderte es uns, dass gerade er plötzlich auf einem Auge blind war. Seine Kelle hatte eine quer verlaufende Narbe.

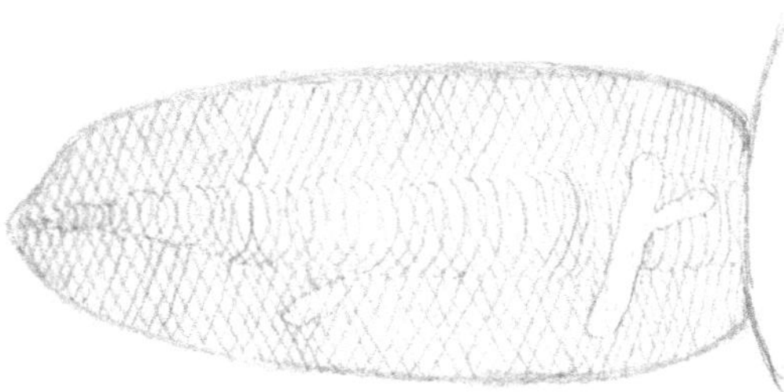

Bei einem der anderen kleinen Rabauken wäre ein Unfall durchaus vorstellbar gewesen, aber doch nicht bei Paule! Vielleicht war es aber auch ein Infekt, wer weiß. Paule wurde dadurch ein bisschen schreckhafter, mehr aber auch nicht. Es geht ihm ansonsten gut, er wächst und gedeiht und besucht uns selbst heute noch regelmäßig.

Raufbold ist eine Nummer für sich. Seine Kelle wies nur zwei kleine weiße Flecken auf.

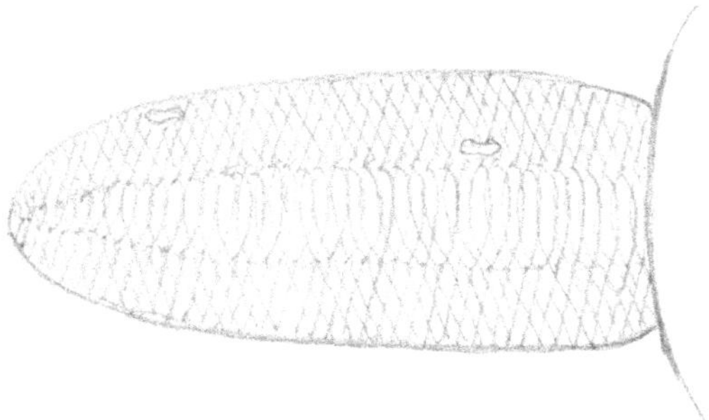

Er kniff immer die Augen leicht zusammen, als würde er sofort alles und jeden angreifen. Er schreckte vor nichts zurück, und bevor er einen Angriff startete, kniff er die Augen noch weiter zusammen, sodass er nur noch durch einen sehr schmalen Schlitz sehen konnte. Dann hieß es Vorsicht, Gefahr im Verzug, und schon sprang er einen anderen Biber an, um ihn zum Spielen aufzufordern oder zu vertreiben. Dieses Zusammenkneifen der Augen hatte bis dahin noch keiner der früheren Biber gezeigt.

Im Herbst stellten wir fest, dass Raufbold eine Zahnfehlstellung hatte. Die oberen Schneidezähne wuchsen falsch, sie bogen sich zu weit nach vorne und überlappten sich daher nicht mit den unteren Schneidezähnen. Sie konnten sich also nicht abschleifen und schärfen. Dadurch wurden sie immer länger. Er fraß immer weniger. Im Winter bekam er zunehmend Probleme, da es keine Blätter oder Gräser mehr gab, die er noch hätte fressen können. Es war ihm nicht mehr möglich, Rinde abzuschälen oder kleine Äste abzubeißen und zu fressen. Er magerte ab und wurde immer anhänglicher, ein sehr schlechtes Zeichen. Alle Hilfe blieb vergeblich, die

Zahnfehlstellung war nicht zu behandeln. So bahnte sich die Katastrophe mit Ansage an.

Im Februar verschwand er von einem Tag auf den anderen. Ein echter Verlust für uns, war er doch so ein nettes Kerlchen. Aber er hat es wohl leider nicht geschafft. Die Nachsuche ergab, dass ihn wohl ein Fuchs am Ufer sitzend erwischt hatte.

Anton, das »Kuschelmonster«, ist ein absolutes Highlight und eine Nummer für sich. Er war von Anfang an der anhänglichste Biber überhaupt, quasi ein geheimer Verehrer von Tina. Er ist jetzt schon drei Jahre alt, wird aber irgendwie nicht wirklich erwachsen. Bei schweren Revierkämpfen hat ihm offenbar ein anderer Biber ein großes Stück aus der Kelle herausgebissen.

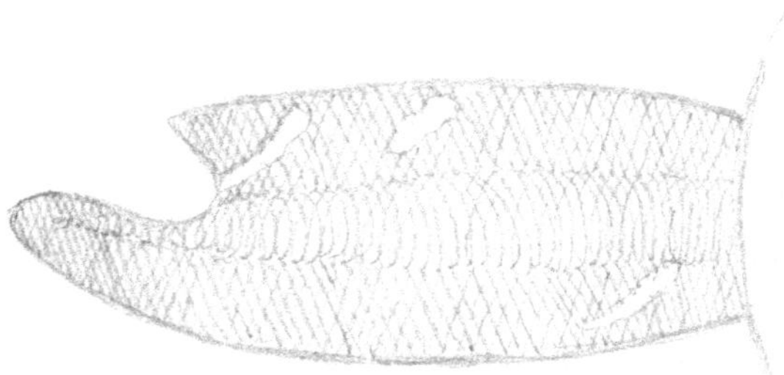

Er lässt sich nicht jeden Tag blicken, aber wenn, dann ist er Tina gegenüber sehr anhänglich und immer für eine Überraschung gut. Wir werden ihn quasi nicht mehr los. Anton turnt auf uns herum (bevorzugt auf Tina), beißt in alles rein und versucht uns auch schon mal mit aller Kraft zur Seite zu schieben, wenn wir ihm im Weg sitzen. Wenn er bei uns auftaucht, rumpelt er einfach die Böschung rauf und stupst Tina solange an, bis er seine Portion Streicheleinheiten bekommen hat. Mit Vorliebe durchwühlt er unsere Foto- und Filmtasche (es könnte ja was Interessantes drin sein). Selbst wenn der Deckel dabei zufällt, zieht er den Kopf nicht gleich zurück. Hat er dann endlich genug Unruhe verbreitet und sein nötiges Quantum Aufmerksamkeit bekommen, geht er seines Weges und holt sich etwas zum Fressen. Bemerkenswert ist wirklich seine Fixierung auf Tina.

Vorletztes Jahr hatten unsere Biber leider wieder einmal keinen Nachwuchs. Aufgrund der vielen Revierstreitigkeiten vom Herbst und Winter hatten sie zum Teil schwere Verletzungen erlitten. Bezüglich Nachwuchs sah es im März letzten Jahres wieder eher schlecht aus. Es herrschte auch extrem viel Unruhe im Biberrevier. Es gab wieder umfangreiche Rodungen und dank Corona viele Spaziergänger mit frei laufenden Hunden. Alles im Umfeld der Burg und unseres Treffplatzes. So besserten die Biber eine ältere Burg aus und zogen leider um. Ihr neuer Wohnsitz ist jetzt ziemlich weit von unserem Treffplatz entfernt, sodass sie erst sehr viel später bei uns auftauchen, wenn ihnen nicht ohnehin etwas Interessanteres dazwischenkommt. Die üblichen Verdächtigen wie Anton, Paule und Pummelchen beehren uns dennoch relativ treu.

Die »Große« hatten wir seit März nicht mehr gesehen, also gingen wir davon aus, dass es auch diesmal keinen Nachwuchs geben würde. Nachdem bis Ende Juli immer noch kein Jungbiber in Sicht war und auch die älteren sich immer seltener bei uns blicken ließen, gingen wir es auch ein bisschen ruhiger an und warteten nicht mehr jeden Tag stundenlang.

Eines Tages, es war Mitte August, hatten wir uns leider sehr verspätet. Nach wenigen Minuten erschien schon unser Anton, und kurz darauf kam Paule mit zwei kleinen Geschwistern. Was für eine Überraschung! Offensichtlich war der Weg von der neuen Burg zu unserem Treffplatz zu weit gewesen, und daher ließen sich Mutti und die Kleinen erst jetzt nach einigen Monaten bei uns blicken.

Es dauerte nur ein paar Tage, und schon saßen die Kleinen bei uns auf dem Schoß. Wir hatten dieses Jahr ja eigentlich schon aufgegeben. So hatte die ganze Verspätung doch auch etwas Gutes und stellte sich als echter Glücksfall heraus.

Wir tauften die beiden Knirps und Mauserl. Knirps ist ein echter Frechdachs. Er ist wirklich sehr klein geraten, dafür aber sehr anhänglich und zutraulich. Er hat mittig auf der Kelle einen weißen Fleck.

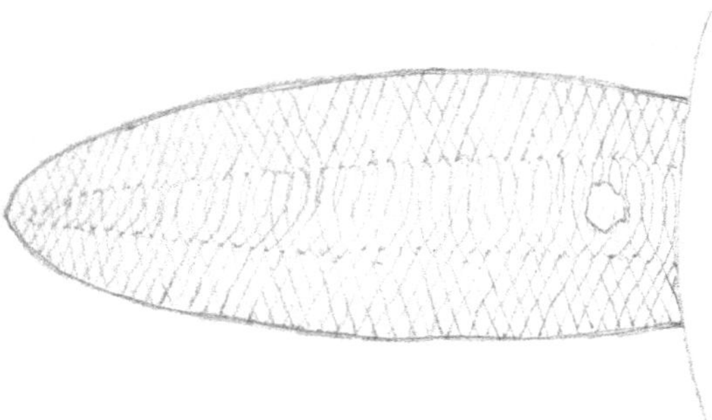

Die Kelle vom Mauserl hat sich in den letzten Jahren sehr verändert. Am Anfang hatte sie nur auf der Unterseite einen großen weißen Fleck. Inzwischen sieht die Kelle auf der Oberseite ziemlich vernarbt aus.

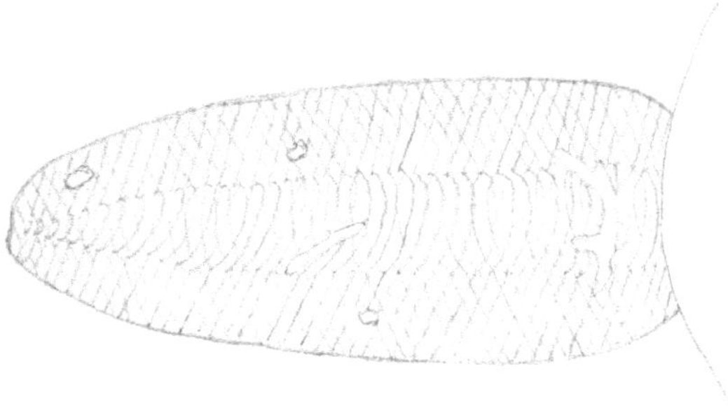

Das Verhalten von Mauserl, wenn sie allein zu uns kommt, haben wir früher schon beschrieben. Sind schon andere Biber da, ist sie fast ohne Scheu und verhält sich viel mutiger. Manchmal stupst sie uns nur mit ihrer Nase an, manchmal kuschelt sie sich an uns und lässt sich streicheln, um dann wieder zu verschwinden. Meist beehrt sie uns öfter am Abend, je nach Jahreszeit und Tageslaune kann es das aber auch schon gewesen sein. Selbst jetzt, ein Jahr später, wiederholt sich dieses Schauspiel täglich.

Nur wenn wir mal ein oder zwei Tage verhindert waren, ist sie kaum zu bremsen. Sie klettert dann ruckzuck und laut fiepend die Böschung zu uns herauf. Ihr Tonfall hört sich so an, als würde sie uns regelrecht ausschimpfen.

Wir könnten noch lange weitererzählen – so viel haben wir in den Jahren mit den Bibern erlebt. Wenn Sie mehr hören und sehen wollen – kommen Sie doch einfach mal in einen unserer Vorträge!

Biberfreunde – Biberfeinde

Nach all den wunderbaren Geschichten über »unsere« Biber sollte man erwarten, dass unsere Begeisterung allgemein geteilt wird. Und tatsächlich gibt es viele Menschen, die sich nachhaltig für die Wiederansiedlung der Biber und ihren Schutz einsetzen. Leider gibt es aber auch – wie bei allen wieder angesiedelten Wildtieren in unseren Breiten – ausgesprochene Biberfeinde, die vor fast nichts zurückschrecken, um den Biber als »Schädling« hinzustellen, und dafür sorgen wollen, dass er wieder aus unserer Landschaft verschwindet. Da auch das zu unserem Leben mit den Bibern gehört, soll es nicht verschwiegen werden – auch wenn einige dieser Geschichten nichts für schwache Nerven sind.

Die Wiederansiedlung der Biber – eine Erfolgsgeschichte

Biber gehören zur Familie der Nagetiere und existieren in der heutigen Form in Europa seit über 15 Millionen Jahren. Sie waren also schon da, lange bevor der Homo sapiens in Erscheinung trat. Im 19. Jahrhundert wurden sie bis auf wenige Exemplare an der Elbe deutschlandweit ausgerottet. In Bayern wurde der letzte Biber 1867 erlegt.

Zum Verhängnis wurden ihnen vor allem zwei Merkmale. Das eine war ihr äußerst dichtes Fell, das für wärmende Kleidungsstücke verwendet wurde. Selbst in die Literatur hat dieses Fell Eingang gefunden, man denke nur an das Theaterstück *Der Biberpelz* von Gerhart Hauptmann, das Ende des 19. Jahrhunderts spielt. In dem Stück wird ganz klar, dass ein Mantel aus Biberfell sehr wertvoll ist – die Hauptfigur Mutter Wolffen kann mit dem Erlös des gestohlenen Mantels den größten Teil ihrer Schulden bezahlen. Aus Biberhaaren wurde der sogenannte Castorhut (Castor fiber ist der wissenschaftliche Name des Europäischen Bibers) hergestellt, ein Vorläufer des Zylinders, der vom 17. bis 19. Jahrhundert getragen wurde und ebenfalls als sehr wertvoll galt.

Das zweite damals begehrte Merkmal des Bibers war das sogenannte Bibergeil (Castoreum), ein moschusartig riechendes Analsekret, mit dem die Tiere ihr Revier markieren. Es galt früher als »Allheilmittel« und wurde auch in der Jagd als Köder eingesetzt.

Außerdem wurden Biber auch für die menschliche Ernährung gejagt – die katholische Kirche stufte das Tier aufgrund des Lebensraums Wasser und der schuppenartigen Kelle als Fisch ein, und so stand auch einem Verzehr in der Fastenzeit nichts entgegen. Und nicht nur in alten Kochbüchern, sondern – so gruselig das anmuten mag – durchaus auch in aktuellen Sammlungen im Internet sind zahlreiche Rezepte zu finden.

Erst im Jahr 1966 wurden auf Initiative des Bund Naturschutz und mit der Zustimmung der Behörden etwa

120 Biber im Süden Bayerns wieder angesiedelt. Mit Erfolg, wie die aktuellen Zahlen zeigen: Heute sind für Bayern Zahlen zwischen 10 000 und 30 000 Bibern zu finden, wobei derzeit eine Population von ca. 12 000 bis 14 000 Tieren wissenschaftlich gesehen als realistisch gilt. Lobbyverbände und Bibergegner nennen gern höhere Zahlen, diese sind jedoch nicht belastbar und gehören eher in die Kategorie Polemik oder Märchen.

Im Übrigen sind die Biber nicht flächendeckend verbreitet, es gibt ja durchaus Gegenden, die als Lebensraum für die Tiere nicht geeignet sind. Deutschlandweit hat sich der Biber aber inzwischen in mindestens elf Bundesländern wieder angesiedelt. Bundesweit gibt es nach Auskunft des Bund Naturschutz heute wieder etwa 40 000 Biber. Das ist ein beachtlicher Erfolg und ein Grund zur Freude.

Die rechtliche Situation

Biber sind per nationalem und internationalem Recht eine streng geschützte Tierart. Das heißt, Stören, Nachstellen, Fangen und Töten der Tiere werden strafrechtlich verfolgt. Gleiches gilt für die illegale Entfernung von Biberdämmen und Biberburgen. »Illegal« heißt, solange keine amtliche Genehmigung beantragt *und* erteilt wurde.

Bis vor wenigen Jahren standen die Tiere noch deutschlandweit auf der Roten Liste. In einigen Bundesländern jedoch, so auch in Bayern, hat sich die Population stabilisiert (wobei die Zahlen, wie gesagt, stark variieren, je nachdem, wer sie veröffentlicht). Dies führte dazu, dass die Biber in Bayern nicht nur von der Roten Liste gestrichen wurden, sondern dass mittlerweile auch mit amtlicher Genehmigung etwa 1600 Tiere pro Jahr getötet und verwertet werden dürfen.

Teilweise werden diese amtlichen Ausnahmegenehmigungen allerdings unter fragwürdigen Umständen und mit noch fragwürdigeren Begründungen erteilt. Kontrollen finden nachweislich nicht statt, Missbrauch ist offensichtlich und wird nicht verfolgt.

Leider ist quasi täglich zu beobachten, dass Land- und Forstwirte illegal Dämme herausreißen. Das ist kein Kavaliersdelikt und kann theoretisch mit bis zu 50 000 Euro Geldstrafe oder gar Haftstrafe geahndet werden. Jägern und weiteren Personen, die z. B. für ihr Hobby oder beruflich eine besondere Zuverlässigkeit nachweisen müssen, sei gesagt, dass mit solchen illegalen Aktionen ganz schnell der Jagdschein und gegebenenfalls auch die berufliche Existenz aufs Spiel gesetzt wird. Eigentlich ist es absolut unverständlich, warum solche Strafen immer wieder riskiert werden – aus blindem Hass oder neurotischer Biber-Phobie.

Hinzu kommt die Gefährdung von Mensch und Tier durch illegale Installationen jeglicher Art. Ob Stacheldrahtrollen, Selbstschussapparate oder verbotene Schlagfallen – die Tatverantwortlichen nehmend billigend in Kauf, dass selbst Kinder schwer verletzt werden könnten.

Leider können sich die Täter allen gesetzlichen Bestimmungen zum Trotz ziemlich sicher fühlen: In Bayern wird der Rechtsstatus der streng geschützten Biber zunehmend ausgehöhlt. Mit fadenscheinigsten Argumenten werden Abfang- und Abschussgenehmigungen erteilt, Auflagen werden nicht kontrolliert, und ohne genauere Nachprüfung wird behauptet, die Personen, die solche Genehmigungen bekommen, seien »äußerst zuverlässig«. Bei gemeldeten Verstößen werden zuständige Ämter häufig gar nicht erst tätig, oder es wird versucht, Anfragen abzuwiegeln, z. T. auf wirklich dreiste Art. Nicht zuletzt deshalb ist Bayern, was den Natur- und Artenschutz betrifft, eher auf dem Niveau eines Entwicklungslandes. Wenn sogar die Landwirtschaftsministerin Unwahrheiten verbreitet und so die Polemik und Hetze gegen die größten Naturschützer unserer Heimat – die Biber nämlich – unterstützt, was will man dazu noch sagen? Von Frau Kaniber stammt der unsinnige Satz: »Aber wenn die Population so überhandnimmt, dass die Artenvielfalt in Gefahr ist, dann haben wir nichts von der Rückkehr von Wolf, Biber und Fischotter.« (6.9.2022 Exklusiv Interview »OVB«, www.rosenheim24.de/rosenheim/rosenheim-land/wolf-und-region-rosenheim-ministerin-kaniber-wagt-klare-ansage-91771474.html, als PDF vorhanden)

Was passiert, wenn der Biber wirklich stört?

Selbstverständlich gibt es auch Konfliktpotenzial die Biber betreffend. Aus diesem Grund gibt es Biberbeauftragte und Biberberater, die sich im Fall eines Konflikts um eine Lösung bemühen bzw. vorab mit der Aufklärung zum Thema Biber beauftragt sind.

Tatsächlich verursachen einzelne Biber gelegentlich Probleme, z. B., wenn sie wichtige Dämme im Bereich von Fischzuchten oder Kläranlagen untergraben, um einen Erdbau anzulegen, oder wenn angenagte Bäume die Sicherheit öffentlicher Wege gefährden. Doch das sind eher Einzelfälle. Meistens handelt es sich um Konflikte, die durch die intensive Land- und Forstwirtschaft entstehen. Mehr als 90 Prozent eines Biberlebens spielen sich innerhalb eines 10 Meter breiten Uferbereichs um die Gewässer ab. Wenn also auch noch der letzte Quadratmeter in Gewässernähe landwirtschaftlich genutzt wird, ist ein Konflikt oft unvermeidbar. Hinzu kommt: Biber sind sehr anpassungsfähig und intelligent, daher nutzen sie natürlich auch ein nahe gelegenes Maisfeld und erschließen es sich als Nahrungsquelle. Auch die schweren landwirtschaftlichen Maschinen können mit Röhren oder Erdburgen ein Problem bekommen.

Viele Leute fühlen sich auch optisch durch die vom Biber gefällten Bäume gestört. Häufig ist sogar zu hören: »Der Biber zerstört die Natur.« Doch genau das Gegenteil ist der Fall. Von der Artenvielfalt im Biberhabitat haben wir schon berichtet. Eigentlich ist der Biber ein großer engagierter Umweltschützer – dazu gleich noch mehr.

Im Übrigen: Biber kommen nicht über Nacht in ein neues Revier und legen, wie häufig in den Medien suggeriert wird, einfach mal schlagartig zahlreiche wertvolle Nadel- und Harthölzer um oder überschwemmen Wiesen. Auf den meisten Bildern in den Medien, bei denen Bibergegner vor Bäumen posieren und sich über die Tiere aufregen, sind Weiden oder andere Weichhölzer zu sehen, die nicht forstwirtschaftlich genutzt werden.

Tatsächlich bevorzugt der Biber aber Weichhölzer

wie Weiden und Pappeln. Harthölzer und Nadelhölzer werden normalerweise zur Nahrungsaufnahme nicht verwertet.

Hinzu kommt: Es gibt ein paar einfache Möglichkeiten, Bäume und Gehölze vor Bibern zu schützen, aber dazu ist eben auch Eigeninitiative gefragt. Immer wieder ist zu lesen und zu hören, dass Land- und Forstwirte Schadensersatz fordern, von »enormen Schäden« sprechen und den Abschuss von Bibern verlangen. Dabei könnten sie, wenn sie sich einfach mal um ihren Besitz kümmern würden, die Bäume z. B. durch Anstrichmittel oder Drahthosen vor dem Fällen schützen. Die Mittel hierzu werden sogar meist kostenlos von den zuständigen Ämtern zur Verfügung gestellt. Als besonders effektiv haben sich auch niedrige Weidezäune erwiesen. Sie können Schäden wirksam vermeiden, ohne den Bibern Schaden zuzufügen.

Wir müssen auch immer wieder feststellen, dass angenagte Bäume, von denen keinerlei Gefährdung ausgeht und die auch nicht der forstwirtschaftlichen Nutzung unterliegen, umgehend und vollständig entfernt werden (sogar im Naturschutz- und FFH-Gebiet). Wie schon gesagt: Für den Biber ergibt sich dann das Problem, dass seine ganze Arbeit umsonst war und er dadurch »genötigt« ist, einen anderen Baum zu fällen. Würde man zumindest die Äste liegen lassen, hätte der Biber den Baum nicht umsonst gefällt und könnte sich davon ernähren bzw. damit seinen Wintervorrat anlegen. Auch hier könnten durch einfache Maßnahmen, die sogar mit weniger Aufwand für den Forstwirt verbunden wären, ein Kompromiss für beide Seiten erreicht werden.

Auch der Dammbau der Biber führt immer wieder zu Konflikten, vor allem bei einer Überschwemmung der anliegenden Wiesen. Die Entfernung eines Dammes ist nur mit amtlicher Genehmigung zulässig. Aber natürlich ist das Entfernen eines Biberdammes nicht die einzige Lösung. Immer häufiger, aber doch viel zu selten, wird deshalb auf Drainagen zurückgegriffen, das heißt, es werden Kunststoffrohre in den Biberdamm eingebaut. Der Wasserspiegel kann dann abgesenkt werden, Überschwemmungen und Vernässungen werden vermieden, und der Lebensraum des Bibers wird nicht zerstört. Allerdings müssen besondere Maßnahmen ergriffen werden, damit der Biber das Rohr nicht verschließt. Biber sind in dieser Hinsicht sehr einfallsreich. Ein Korb, der mehrere Meter vor dem eigentlichen Damm das Wasser durchleitet, hat sich hierbei oft bewährt.

Problematisch ist die Entfernung der Dämme für die Biber deshalb, weil der Wasserpegel abfällt, teils um einen halben Meter und mehr, und daraufhin alle Biberröhren und Biberbaue trockenfallen: Der Eingangsbereich liegt nicht mehr unter Wasser, ist nicht mehr geschützt und wird für den Biber wertlos. Im Winter können Biber deshalb erfrieren und verhungern; Jungtiere werden leicht Opfer von Räubern. Normalerweise beginnen die Tiere mit dem sofortigen Wiederaufbau des Dammes, und oft wird dieser noch höher als der vorherige, was die Problematik nicht unbedingt geringer macht.

Vor ein paar Jahren wurde den Bibern im Zusammenhang mit den Elbhochwassern sogar zur Last gelegt, dass ihre Biberröhren und anderweitige Grabungen Dammbrüche herbeigeführt hätten. Studien hierzu haben ergeben, dass kein einziger der Elbdämme aufgrund des Einwirkens von Bibern gebrochen ist. Nur leider fand diese (wenig schlagzeilenträchtige) Rehabilitierung der Tiere in den Medien keine Beachtung mehr.

Die Biber befinden sich in Deutschland weiterhin auf dem Vormarsch, werden also noch viele freie Habitate besetzen, und die Konflikte werden wohl noch zunehmen. Dabei würde ein geschützter Uferstreifen von 10 Metern (in Bayern nur bei wenigen Gewässerkategorien Pflicht) um ein Bibergewässer, in dem z. B. kein Mais, Getreide oder Zuckerrüben angepflanzt werden, ein paar Drahthosen um die Bäume, die geschützt werden sollen, und im Herbst das Liegenlassen der Äste bereits ausreichen, um die Konflikte zwischen Mensch und Biber deutlich zu verringern.

Hier hätten auch die Medien eine große Verantwortung. Die Zahlen und Fakten in den Berichten über Biber sind oft kaum belastbar, die Quellen fragwürdig. Es wäre eine große Aufgabe, Aufklärung statt Polarisierung zu betreiben. Denn wie wir immer wieder erleben, sehen selbst viele »biberphobe« Menschen die Tiere plötzlich mit völlig anderen Augen, wenn man sie über die Biologie und das Verhalten der Tiere aufklärt. Meist führt pure Unwissenheit zu einem negativen Image der Biber.

Ein echter Skandal ist jedenfalls die illegale Nachstellung durch Menschen, z. B. durch Schlagfallen, Schlingen, Giftköder und selbst gebaute illegale Fallen. All dies sind Straftaten, nicht nur weil Biber unter Schutz stehen, sondern weil auch schwerwiegende Verletzungen von Kindern, Erwachsenen und Tieren jeglicher Art vorsätzlich in Kauf genommen werden. Trotzdem werden diese Fälle allzu oft von den Strafverfolgungsbehörden mit sehr fragwürdigen Begründungen eingestellt, oder es werden nur sehr geringe Strafen verhängt. Da die Tatverantwortlichen nicht viel zu befürchten haben, werden sie dazu verleitet, noch frecher und dreister zu agieren.

PRO UND CONTRA BIBER

VORTEILE

- kostenloser Hochwasserschutz
- kostenlose Anhebung des Grundwasserspiegels (Trockenzeiten)
- kostenlose Klärung der durch die Landwirtschaft überdüngten Gewässer
- kostenloser Tier- und Artenschutz vom Aussterben bedrohter Tierarten (Amphibien, Reptilien, Insekten, Fische, Pflanzen, Moose, Flechten, Säugetiere wie z. B. Fledermäuse und Vögel)
- kostenlose Renaturierung
- einheimische Tierart, welche hier seit ca. 15 Mio. Jahren lebte, bis sie Ende des 19. Jahrhundert ausgerottet wurde
- der Nutzen für Fauna, Flora und die Allgemeinheit (ca. 10 000–15 000 Euro kostenlose »Renaturierungsleistung« pro Biber) überwiegt die vermeintlichen Schäden (0,049 Euro in Bayern pro Einwohner und Jahr!) bei Weitem

- sehr gutes Bibermanagement
- Biberschadensfonds vorhanden
- artenschutzrechtliche Ausnahmeverordnung erlaubt Zugriffe unter bestimmten Voraussetzungen
- Klimaschutz, denn durch die Anhebung des Wasserspiegels wird weniger CO_2, Lachgas und Methan freigesetzt (40 Prozent der Fläche Bayerns sind ehemalige trockengelegte Hoch- und Niedermoore, die enorme Treibhausgasmengen freisetzen)

CONTRA BIBER

- Schäden in der Land- und Forstwirtschaft, die allzu häufig »aufgebauscht« werden (0,049 Euro in Bayern pro Einwohner und Jahr!)
- Eigenleistung und Eigenbeteiligung betroffener Personen notwendig (z. B. Verbissschutz, Vorsorgemaßnahmen)

Bibermanagement kann Konflikte lösen – wenn man dazu bereit ist

In Bayern gibt es seit vielen Jahren ein Bibermanagement mit dem Ziel, aufzuklären, zu beraten und Konflikte zwischen Menschen und Bibern zu verhindern und/oder zu lösen.

Das ist natürlich keine einfache Aufgabe. Oft sind die Interessen und Meinungen sehr entschieden; manchmal bekommt man den Eindruck, der Biber müsse als »Blitzableiter« für schon lange schwelenden Ärger zwischen Land- und Forstwirten einerseits und den Naturschutzbehörden andererseits herhalten.

Das bayerische Bibermanagement steht auf vier Säulen:

- Fachkundige Beratung
- Prävention
- Schadensausgleich
- Maßnahmen gegen Biber und ihre Bauten, wenn nötig

Vor Ort kümmern sich die Unteren Naturschutzbehörden der Städte und Landkreise und deren Biberbeauftragte um Problem- und Konfliktfälle. Das bayerische Bibermanagement gilt für viele andere europäische Länder und auch für andere Bundesländer als vorbildlich.

Der Biberschadensfonds

In Bayern gibt es einen Biberschadensfonds in Höhe von jährlich 660 000 Euro. Er kommt für nachgewiesene Biberschäden auf. Bei 13,39 Millionen Einwohnern in Bayern sind das rechnerisch gerade einmal 0,049 Euro pro bayerischem Bürger. Das entspricht nicht einmal den täglichen Preisschwankungen pro Liter Kraftstoff an einer Tankstelle. Biber sind schlicht und ergreifend ein Glücksfall für den Natur- und Artenschutz und jeden Cent wert. Selbst der finanzielle Nutzen übersteigt die vermeintlichen Kosten um einige Zehnerpotenzen.

Zum Vergleich: Die Kosten für Wildunfälle in Deutschland im Jahr 2022 beliefen sich auf 950 Millionen Euro bei etwa 265 000 Unfällen. Davon ereigneten sich 79 515 Wildunfälle in Bayern, das entspricht anteilig etwa 285 Millionen Euro bzw. 21,28 Euro pro bayerischem Einwohner und Jahr. Eine Summe, die um den Faktor 433 über den Kosten für Biberschäden liegt. Natürlich werden Wildschäden von den Versicherungen beglichen und nicht vom Steuerzahler, aber die Zahlen zeigen doch die extreme Diskrepanz, die sich so nicht ansatzweise in der Berichterstattung widerspiegelt.

Skrupellose Biberfeinde

Leider erfahren wir immer wieder von Fällen, in denen Biber illegal getötet werden. Zum Teil sind das haarsträubende Geschichten, die wir unseren Leserinnen und Lesern gar nicht zumuten wollen. Zwei Fälle, die wir selbst erlebt haben, sollen aber zeigen, wie grausam und skrupellos – zum Teil mit Duldung durch die Behörden – vorgegangen wird. Und dies durchaus auch in einer Weise, die nicht nur die Biber, sondern auch Menschen gefährdet.

In flagranti ertappt

In dem Gebiet, wo ich aufgewachsen bin, gibt es viele Seen und Bäche. Jeden davon kenne ich bis heute wie meine Westentasche, schließlich habe ich dort meine Kindheit verbracht. In dem dortigen Jagdrevier beobachteten wir nach einem Pächterwechsel Maßnahmen, um die ansässigen Biber zu vergrämen. Nahezu im Wochenrhythmus wurden Biberdämme herausgerissen – völlig grundlos! Es gab keine vernässten Wiesen oder Überschwemmungen, die schilfbewachsenen Uferstreifen wurden nicht genutzt, es gab keine eingebrochenen

Traktoren oder Ähnliches. Ein friedliches Zusammenleben von Menschen und Bibern wäre gerade an dieser Stelle also ohne Weiteres möglich gewesen.

Dann bemerkten wir eines Tages im Wasser ausgelegte Stacheldrahtrollen von etwa 20 Metern Länge mitten im Bach. Sie befanden sich genau an der Stelle, an der die Biber ihren Fressplatz hatten und wo sich auch der Eingang zu ihrem Bau befand. Wir meldeten die Vorfälle, doch wie so häufig wurde alles mit dubiosen Begründungen von Amtsseite vom Tisch gewischt. Und natürlich musste der Verantwortliche keinerlei Konsequenzen fürchten.

In den folgenden Jahren konnten wir beobachten, wie auf zunächst unerklärliche Weise beste Biberreviere in den Inn-Auen verwaisten. Die Burgen standen plötzlich leer, und es waren fast keine Spuren einer aktiven Biberbesiedelung mehr zu finden. Dies machte uns natürlich sehr stutzig. Hinzu kamen Luderplätze mit großen Mengen von illegalen Fischabfällen, verstümmelten Kormoranen und so weiter. Auch das blieb für die Pächter ohne jegliche Folgen. Jagdvergehen, Straftatbestände, Verstöße gegen das Abfall- und Tierseuchengesetz interessierten nachweislich kein einziges der zuständigen Ämter. So viel zur Vorgeschichte.

Vor vier Jahren gingen wir im März in besagtem Jagdrevier über eine abgelegene Waldlichtung und wollten dort an einem kleinen Bach Amphibien fotografieren, wie wir das seit Jahren tun. Plötzlich sahen wir eine frisch abgeschnittene hintere Biberpfote am Boden liegen, einige Meter weiter die zweite. Am Ende der Wiese lag ein Biberskelett mit den dazugehörigen skelettierten Hinterpfoten, also Überreste eines weiteren

Kadavers. Wir wussten, dass an dieser Stelle keine Biber lebten, und natürlich waren wir über die Funde schockiert. Also fotografierten wir alles und suchten etliche Kilometer weiter die uns bekannten Biberhabitate in besagtem Gebiet ab. Es gab ja schon einschlägige Verdachtsmomente.

Eine Stunde später der nächste Schock: Neben einem stark frequentierten Spazierweg in einem Naherholungsgebiet entdeckten wir einen ca. zweijährigen toten Biber in einer verbotenen Schlagfalle – auf jeden Fall eine illegale Bibertötung. Er war vermutlich in der Nacht davor gestorben, die Totenstarre hatte gerade erst eingesetzt. Die Falle stand frei und ungesichert, aber angebunden im Bach.

So etwas ist absolut verantwortungslos und letzten Endes kriminell. Nicht nur, dass die Schlagfalle als solche aus gutem Grund verboten ist, es wurden außerdem vorsätzlich Leib, Leben und Gesundheit von ahnungslosen erholungssuchenden Personen gefährdet. Wäre ein Kind beim Spielen oder Herumtollen in diese Schlagfalle geraten, hätte dies wohl einen katastrophalen Ausgang gehabt.

Wir informierten sofort die zuständige Polizei. Die Beamten kamen, dokumentierten und fotografierten alles, wollten aber den Biber in der verbotenen Schlagfalle zurücklassen. Man habe kein Transportbehältnis und könne den Kadaver nicht verwahren, wurde uns erklärt. Aber man würde versuchen, den zuständigen Biberbeauftragten (es war ein Sonntag) zu verständigen.

Mir schwante schon Böses. Auf meine Bemerkung, dass wohl am nächsten Tag sämtliche Beweise – also der tote Biber samt Schlagfalle – verschwunden sein würden, wurde uns erklärt, ja, so würde es wohl laufen, aber da könne man nichts machen. Sie hätten weder das Personal noch die Technik, um eine Observation durchzuführen.

Da wir wussten, dass in unmittelbarer Nähe ein paar Jahre zuvor schon einmal das Gleiche passiert war, beschlossen wir, zumindest den Versuch zu unternehmen, den Täter in Eigeninitiative auf frischer Tat zu ertappen und zu stellen.

Gesagt, getan. Wir bereiteten alles vor, und ich hatte mir ein geeignetes Plätzchen gesucht, an dem ich gut versteckt auf den Täter warten konnte. Gegen 18 Uhr kam ein anderer Biber vorbei, etwa so alt wie das getötete Tier. Natürlich entdeckte er sein totes Familienmitglied. Er näherte sich vorsichtig und stupste den toten Biber ein paar Mal an, als wollte er ihn auffordern, endlich mit dem Unfug aufzuhören und mitzukommen. Erst nach ein paar Minuten wurde ihm offensichtlich bewusst, dass sein Artgenosse tot war, und mit einigen Sätzen floh er dann laut platschend und in Panik den Bach hinab.

Wer so etwas jemals beobachtet hat, wird nie mehr daran zweifeln, dass Tiere Gefühle haben und trauern können. Ich hatte alles aus nächster Distanz beobachtet, und ich war zutiefst bewegt. Das Ganze bestätigte mir nur, dass meine Entscheidung, hier auf den Täter zu warten, definitiv richtig war, auch wenn ich damit durchaus ein Risiko einging.

Nach Sonnenuntergang kam dann ein alter Benz den Weg entlanggefahren. Die Scheinwerfer waren ausgeschaltet. Keine 50 Meter weit weg parkte der Fahrer. Er holte etwas aus dem Kofferraum und ging, ohne zu zögern, im Dunkeln am Bach entlang, zückte seine spezielle Fallenzange (ohne diese kann die Falle nicht geöffnet werden) und entnahm in absoluter Rekordzeit den toten Biber aus der Falle. All das dokumentierte ich mit zahlreichen Fotoaufnahmen. Als der Ertappte das bemerkte, versuchte er, sein Gesicht mit dem Arm zu verdecken, beschimpfte mich und drohte mir. Dann lief er aus dem Wäldchen auf die nahe Wiese, ließ den toten Biber fallen und floh in die Nacht. Die verbotene Schlagfalle nahm er mit.

Sein Auto jedoch ließ er zurück. Die angeforderte Polizei brauchte relativ lange aufgrund des zwischenzeitlichen Schichtwechsels und des abgelegenen Ortes, sodass der Täter längst verschwunden war, als die Beamten eintrafen. Sie untersuchten das Fahrzeug; auf der Rücksitzbank lag offen ein Gewehr, der Kofferraum war unverschlossen, darin eine große Wanne mit zahlreichen toten Rabenkrähen. Und überall volle und leere Sektflaschen dazwischen. Ein befremdlicher Anblick, der aber irgendwie für sich sprach. Meine Zeugenaussage und die Fotos übermittelte ich noch am gleichen Abend der Polizei. Bei dem Tatverdächtigen handelte es sich um einen Jäger und Mitpächter der Jagd.

Eineinhalb Jahre später fand endlich die Gerichtsverhandlung statt, aber auch nur, weil der Tatverantwortliche einen Strafbefehl nicht akzeptiert hatte. Die Staatsanwaltschaft sah es als erwiesen an, dass nur der Täter über derartige Ortskenntnisse verfügen konnte, und so wurde der Tatverdächtige verurteilt. Doch was für ein katastrophales Urteil! Der Täter ist Jäger, er hat einen Posten im örtlichen Jagdverband, besitzt eine sogenannte Fallenabfangberechtigung (die allerdings nicht zur Verwendung der verbotenen Schlagfalle berechtigt) und ist auch biberabfangberechtigt (in einem weit entfernten Gebiet, also nicht für sein eigenes Revier).

All dies hat er mit entsprechenden Sachkundenachweisen belegt. Der Mann wusste also bestens Bescheid darüber, dass sein Handeln rechtswidrig war. Trotzdem hat er zahlreiche Straftaten begangen: Es wurde eine streng geschützte Tierart illegal getötet, es wurde eine verbotene Schlagfalle verwendet, seine Jagdwaffe wurde unter Verletzung jeglicher Transport- und Aufsichtspflichten in seinem Fahrzeug offen zurückgelassen, und weitere zwei Kadaver von getöteten Bibern lagen auf einem Luderplatz der gleichen Jagd.

Meine Frage vor Gericht, was mit den anderen Straftaten sei, wurde zurückgewiesen: Diese seien nicht Gegenstand der Verhandlung. Der Tatverantwortliche wurde übrigens von zwei Juristen (die selbstverständlich ihrerseits Jäger sind) des Bayerischen Jagdverbandes vor Gericht vertreten.

Der Staatsanwalt forderte siebzig Tagessätze als Geldstrafe, der Vorsitzende Richter reduzierte dies auf fünfzig Tagessätze, also 1500 Euro. Und zwar mit der Begründung, es sei dem Täter strafmildernd anzurechnen, dass dieser Jäger sei.

Man mache sich das klar: Jemand, der vorsätzlich Leib und Leben von Menschen und Tieren riskiert, *obwohl* er in zahlreichen Sachkundenachweisen gelernt und nachgewiesen hat, was legal und was illegal ist, begeht vorsätzlich zahlreiche Straftaten. Und dann wird ihm seine Sachkunde strafmildernd und nicht strafverschärfend angerechnet. Nun ja, dazu muss man wissen, dass dem Mann bei sechzig Tagessätzen der Jagdschein entzogen worden wäre. Ein Schelm, wer Böses dabei denkt …

Bezüglich der anderen Straftaten habe ich nie erfahren, ob überhaupt Verfahren eingeleitet wurden. Der Verstoß gegen das Waffengesetz hätte allein schon den Entzug des Jagdscheins zur Folge haben müssen. Doch nichts dergleichen. Mit Recht und Ordnung hat das nicht viel zu tun, und unerklärlicherweise wurde in diesem Fall nicht einmal die Zuverlässigkeit des Tatverantwortlichen zum Führen und Besitzen von Waffen zum Zweck der Jagdausübung ernsthaft infrage gestellt. Jeder Führerschein ist schneller weg als ein Jagdschein. Und das, obwohl es sich hier nur um ein »Hobby« handelt (ehrlich gesagt, mir wird schlecht, wenn ich dieses Wort im Zusammenhang mit der Jagd verwende).

Für diejenigen, die diese Geschichte für einen gruseligen Einzelfall halten, möchte ich hier eine erschreckende Zahl nennen: Etwa ein Sechstel aller Totfunde von Bibern in Oberbayern sind auf illegale Nachstellungen durch Menschen zurückzuführen. Anders gesagt: 10 bis 15 Prozent aller Biber kommen durch illegale Nachstellung ums Leben. Und die legalen Entnahmen in Bayern liegen momentan bei ca. 1600 Tieren pro Jahr. »Entnahme« heißt Tötung. Glauben Sie bitte nicht, die Tiere würden umgesiedelt!

Was geschah mit »Zwergerl«?

Eine zweite traurige Geschichte handelt von unserem Biber mit dem Spitznamen »Zwergerl«. Zwergerl war neben Mutti und Anton einer unserer »treuesten« Biber. Es gab kaum einen Tag, an dem sie nicht bei uns vorbeischaute, wenn auch manchmal nur für ein kurzes Hallo.

In ihrem zweiten Lebensjahr wurde sie immer anhänglicher. Wenn wir abends kamen, wartete sie schon fiepend auf uns, ließ sich kraulen und genoss unsere Gesellschaft. Wir nahmen an, die Elterntiere würden ihr allmählich zeigen, dass es Zeit war, sich ein eigenes Revier zu suchen, und dass sie deshalb so anhänglich war.

Doch nach ein paar Tagen fiel uns auf, dass sie fast nichts mehr fraß. Das Fell wurde immer stumpfer, und sie wurde immer schwächer. Am nächsten Abend schaffte sie es gerade noch die Uferböschung herauf, legte sich neben uns auf den Boden, den Kopf auf einem unserer Oberschenkel, und ließ sich kraulen. Doch irgendetwas stimmte nicht: Es folgten noch zwei schwere Atemzüge, und plötzlich war Zwergerl gestorben.

Da saßen wir nun, schockiert und traurig. Wir versuchten erst einmal, wieder einen klaren Gedanken zu fassen. Natürlich konnten wir unser Zwergerl nicht einfach liegen lassen. Aufgrund weiterer Unregelmäßigkeiten lag der Verdacht nahe, dass vielleicht jemand unseren Bibern nachstellte und die Tiere vergiftete. Also regelten wir alles mit der zuständigen Unteren Naturschutzbehörde und fuhren zum Veterinäramt. Wir erklärten die Hintergründe, die Verdachtsmomente und unterzeichneten eine Kostenübernahmeerklärung. Wir wollten die Todesursache natürlich geklärt wissen. Alles wurde uns bestätigt und zugesagt.

Doch die Wochen vergingen, und wir hörten nichts mehr von den Ämtern. Schließlich rief ich im Veterinäramt an. In einem unerhört barschen Ton fragte mich der Mitarbeiter am Telefon, was mich die Sache überhaupt angehen würde. Im Übrigen habe man den Kadaver im Bauhof nebenan entsorgt. Wir waren schockiert, wir hatten doch alles geregelt, alle Erklärungen, Kostenübernahmen unterzeichnet! Der Biberbeauftragte der zuständigen Unteren Naturschutzbehörde hatte ebenfalls eine Klärung zugesichert, das Amt war in Kenntnis über den Verdacht der illegalen Nachstellung (vermutlich unter Verwendung von vergifteten Äpfeln). Und jetzt so etwas?

Ich setzte mich mit der Unteren Naturschutzbehörde in Verbindung, und da wurde mir nun entgegen der ursprünglichen Absprachen mitgeteilt, man hätte keine Veranlassung gesehen, eine Untersuchung durchführen zu lassen. Kurz darauf erhielt ich einen Anruf vom Veterinäramt, bei dem man versuchte, mich in der Sache unter Druck zu setzen. Ich bin heute noch entsetzt und aufgebracht deshalb.

Der Schuss ging nach hinten los, aber nicht für uns. Unterm Strich steht der Verdacht, dass die beteiligten Ämter schlichtweg zu faul waren, die Ausnahmegenehmigung auszustellen, die für die Untersuchung nötig gewesen wäre. Und dies, obwohl wir zugesichert hatten, sämtliche Kosten zu übernehmen. So war es wohl der einfachste Weg, unser »Zwergerl« entgegen aller Zusagen und Erklärungen einfach im Bauhof zu entsorgen.

Biberschutz ist Naturschutz

Uns ist klar, dass es Konflikte mit Bibern gibt und dass diese gelöst werden müssen. Das heißt, wir sind zwar nicht erfreut über den Abfang und die Tötung von Bibern, aber in bestimmten Fällen lässt sich das leider einfach nicht vermeiden. Ebenso gibt es Gebiete oder

Orte, an denen Biber nichts verloren haben. Aber um das zu regeln, gibt es das hervorragende Bibermanagement.

Von diesen Ausnahmen abgesehen, lässt eine sachliche und objektive Betrachtung nur folgende Schlussfolgerungen zu:

- Die wieder angesiedelten Biber sind ein Glücksfall für Mensch und Natur, die Vorteile überwiegen die Nachteile bei Weitem.
- Der größte Feind des Bibers ist der Biber selbst. Das Revierprinzip greift, ein Überhandnehmen der Biber ist ausgeschlossen.
- Beim Schutz des Bibers geht es nicht nur um den Biber selbst, sondern auch und vor allem um den Schutz der Lebensräume, die die Biber schaffen. Von diesen Lebensräumen profitieren zahlreiche (auch geschützte) Tier- und Pflanzenarten.
- Wer sich gegen den Schutz und Erhalt der Biber stellt, stellt sich auch gegen Schutz von z. B. Fischotter, Schwarzstorch, Laubfrosch, Eisvogel, Libellen, Molchen, Schmetterlingen, Fischen usw.
- Schäden werden aus dem Biberschadensfonds beglichen, Präventionsmaßnahmen werden ergriffen, und jährlich werden sogar 10 Prozent der Biberpopulation in Bayern mit amtlicher Genehmigung gefangen, abgeschossen und verwertet.
- In problematischen Bereichen werden die Biber durch Zugriffsmaßnahmen entfernt.
- Die Land-, Forst- und Teichwirtschaft wird sich mit den Bibern arrangieren müssen. Der Biber ist ein »Ur-Bayer«, permanentes Jammern gegenüber Politikern

und Medien, das nur darauf abzielt, den Biber zur Jagd freizugeben und zu dezimieren, und die ständigen Forderungen nach mehr und höheren Entschädigungen sind objektiv nicht zu begründen und auch nicht sachdienlich.

- Der Schutz der Biber wird leider immer häufiger durch zuständige Ämter und Behörden ausgehöhlt:
  - Es werden viel zu viele Abfang- und Abschussgenehmigungen erteilt.
  - Es werden meist keine oder viel zu wenige Präventionsmaßnahmen ergriffen.
  - Fragwürdige Personen werden wider besseres Wissen mit dem Biberabfang betraut.
  - Es mangelt deutlich an der Kontrolle von Auflagen, Gesetzen und Verordnungen.
  - Gesetzeswidrige Handlungen werden durch jahrelange Untätigkeit, Ignoranz oder Vorschieben von fehlender Zuständigkeit nicht verfolgt und auch nicht geahndet. Wenn es doch einmal zu einer Verurteilung oder einem Bußgeld kommt, sind die Strafen meist viel zu gering.

Biber ehrenhalber – wie sich unser Leben verändert hat

Natürlich haben die Biber unser Leben verändert, wie sollte es auch anders sein, wenn man seit nunmehr über zwei Jahrzehnten fast täglich mehrere Stunden in ein und demselben Gebiet mit Wildtieren verbringt. Unsere abendliche Routine haben wir an unsere Biberfamilie angepasst, und wir haben viel über Biber gelernt, wissen mehr über diese Tierart als manch ein angeblicher Experte. Denn viele unserer Beobachtungen sind ja erst möglich, wenn man von den Tieren so akzeptiert wird wie wir. Wohl nur sehr wenigen Menschen ist das vergönnt, aber man muss sich das auch mehr als hart erarbeiten.

Wer passt sich hier an wen an?

Durch diese enge Verbindung wurde auch unser Umgang mit anderen Tierarten maßgeblich geprägt. Unser Verhalten in der Natur und beim Fotografieren wurde sehr viel ruhiger und vorausschauender. Ganz wichtig in dem Zusammenhang ist auch zu erwähnen, dass alles kann und nichts muss. Wild lebende Tiere sind einfach unberechenbar, man kann nichts fest im Voraus planen. Es gibt immer Überraschungen, und man muss entsprechend flexibel agieren.

Ein wichtiger Lerneffekt ist der Verzicht auf egoistische Verhaltensweisen, die die Tiere nachhaltig stören. Wir verzichten lieber auf einmalige Bilder, bevor wir das Vertrauen der Tiere aufs Spiel setzen. Genau aus diesem Grund gibt es unzählige Erlebnisse, von denen wir keine Fotos gemacht haben, und zwar aus Rücksicht auf die Tiere. Wir sind nach wie vor der Ansicht, dass das gut und richtig ist.

Wir haben gelernt, Reaktionen von Tieren zu erkennen, zu interpretieren und vorherzusehen, und können dadurch heute ganz anders auf die Tiere reagieren. Das erleichtert unsere Arbeit natürlich auch bei allen anderen Projekten mit Fauna und Flora, die wir sonst noch betreiben.

Die Biber haben für uns nichts an Faszination eingebüßt, ganz im Gegenteil, wir erleben nach all den Jahren immer wieder neue Verhaltensweisen und Situationen. Selbst in fremden Biberrevieren haben wir inzwischen die Möglichkeit, meist schon nach wenigen Tagen die dort lebenden Tiere zu beobachten und zu fotografieren. Man passt sich im Laufe der Jahre eben doch aneinander an.

Unser persönliches Engagement

Wir würden uns wünschen, dass viele Menschen ähnliche Erfahrungen machen würden. Sie würden die Welt dann mit anderen Augen sehen und die Natur sehr viel mehr wertschätzen.

Vor allem mit unseren Vorträgen versuchen wir das Image der Biber zu verbessern. Dazu sind wir auch über die deutschen Grenzen hinaus unterwegs. Wir versuchen aufzuklären, wo es geht, und verschenken auch gerne mal Biberpostkarten, um ein positives Bild von Bibern zu zeigen.

Nicht selten versuchen engagierte Mitarbeiter von Gemeinden oder Ämtern, Vorträge zum Thema Biber zu initiieren und uns dazu einzuladen. Das finden wir grundsätzlich sehr begrüßenswert, doch dubios wird es, wenn nach kurzer Zeit auf Weisung »von oben« der Rückzieher kommt, oft mit hanebüchenen Begründungen. Da ist dann auf einmal von einer »stark polarisierenden Wirkung« die Rede. Unsere Fragen nach dem Wieso und Warum werden ausweichend oder gar nicht mehr beantwortet.

So gleicht unsere Arbeit oft einem Kampf gegen Windmühlen. Gerade in unserem Heimatland Bayern, wo wir so viel Positives zu diesem Thema beitragen könnten, machen wir immer wieder die Erfahrung, dass dies gar nicht gewünscht ist.

Natürlich melden wir den Behörden, wenn zum Beispiel wieder mal ein Biberdamm oder eine Biberburg herausgerissen oder stark beschädigt wurde. Daher sind wir bei einigen Personen nicht gerne gesehen und sind entsprechenden Anfeindungen ausgesetzt. Gerade in Bayern sind Biber selten beliebt, und wer sich für sie einsetzt, wird wie der Biber zum »Feind« abgestempelt. Es mag sich unglaublich anhören, aber mit den Erlebnissen und Anfeindungen spezieller (auch krimineller) Personenkreise, Ämter und Behörden uns gegenüber könnten wir ohne Weiteres ein zweites Buch füllen.

Wir können aber nun mal nicht einfach zuschauen, wenn wegen eines herausgerissenen Damms der Eingang zur Biberburg trockenfällt und die Burg damit praktisch unbewohnbar wird. Also kämpfen wir weiter für die Biber und versuchen, so viele Menschen wie möglich zum Thema Biber aufzuklären, eine andere Sichtweise zu vermitteln, mit Un- und Halbwissen aufzuräumen und ganz einfach zu erklären, warum Biber so wichtig für uns und unsere Fauna und Flora sind. Wenn wir alles richtig gemacht haben, gibt es vielleicht ein paar Biberfreundinnen und -freunde mehr. Dann hätte sich alle Mühe für uns gelohnt.

Anhang

Wenn Sie selbst aktiv werden wollen

Vermutlich können Sie mit Geduld, Ausdauer und vor allem einer Portion Feingefühl und Glück im Umkreis von wenigen Kilometern um Ihren Wohnsitz eine ähnliche Beziehung zu Wildtieren aufbauen wie wir. Aber ehrlich gesagt, würden wir Ihnen davon eher abraten. Die Mühe ist wirklich groß – zu groß für die meisten, die nicht einen Großteil ihrer Lebenszeit damit zubringen wollen. Und ja, man braucht auch eine ziemlich hohe Toleranz gegenüber Frustrationen aller Art.

Viel einfacher und trotzdem außerordentlich lohnend ist es, sich bei den örtlichen Naturschutzverbänden wie z. B. LBV (Landesbund für Vogelschutz), BN (Bund Naturschutz), BUND (Bund für Umwelt und Naturschutz Deutschland) oder NABU (Naturschutzbund Deutschland) über das aktuelle Veranstaltungsangebot zu informieren. Die Themenvielfalt ist sehr groß – für jede Naturfreundin und jeden Naturfreund sollte sich da etwas finden lassen. Es gibt dort auch genug fachlich hoch qualifizierte Menschen, die Ihnen gerne Rede und Antwort stehen und Ihnen Einblicke in die faszinierende Fauna und Flora unserer Heimat möglich machen.

Im Übrigen sind bei den Verbänden helfende Hände und denkende Köpfe immer willkommen, z. B. bei der

Pflege von Biotopen, der Zählung von Wasservögeln und/oder bei der Organisation und Durchführung von Veranstaltungen. Sie werden begeistert sein, was es vor Ihrer Haustür alles zu entdecken, zu beobachten und zu erleben gibt.

Wem das nicht zusagt und wer vielleicht lieber in Eigeninitiative tätig werden möchte, dem würden wir Folgendes empfehlen: Suchen Sie sich einfach ein ruhiges und etwas abgelegenes Gebiet, bevorzugt in Gewässernähe und mit freiem Blick in die Umgebung, und setzen Sie sich irgendwo auf den Boden, wo es Ihnen gefällt. Idealerweise haben Sie ein Sitzkissen und ein Fernglas bei sich, halten sich halbwegs still und daddeln auch nicht ständig auf Ihrem Smartphone herum (sonst verpassen Sie womöglich etwas). Nach ein paar Minuten, wenn Sie etwas zur Ruhe gekommen sind, werden Sie anfangen, all die kleinen Bewegungen, Geräusche oder auch Gerüche in der näheren und weiteren Umgebung wahrzunehmen. Sie werden erkennen, dass es um Sie herum, je nach Jahreszeit, eigentlich nur so von Leben wimmelt, im Großen wie im Kleinen. Mit Sicherheit werden Sie etwas Neues, Faszinierendes entdecken und sich fragen, was das überhaupt war. Einschlägige Literatur, Internetrecherchen oder auch Apps werden Sie schnell zur Antwort auf diese Frage führen. Wenn Sie sich dann noch die Mühe machen, etwas über die Biologie, das Verhalten, das Vorkommen etc. der Spezies herauszufinden, die Sie da beobachtet haben, dann ist die Faszination für die heimische Fauna und Flora wahrscheinlich gar nicht mehr aufzuhalten. Sie werden begeistert feststellen, was Sie alles noch nie gesehen, wahrgenommen, erlebt oder gewusst haben. Im Laufe der Zeit erkennt man dann immer mehr Zusammenhänge, aber leider auch immer mehr Missstände jeglicher Art. Und daraus kann sich dann nach dem Grundsatz »Nur was man zu schätzen gelernt hat, schützt man auch« der nächste persönliche Schritt zum aktiven Naturschutz ergeben.

Es gibt übrigens mittlerweile wirklich empfehlenswerte Apps, die gerade Anfängern die Identifizierung von Spezies in der Natur mit einer sehr guten Zuverlässigkeit enorm erleichtern. Zu erwähnen wären hier z. B. folgende Apps, die sich bewährt haben: »Waldfibel«, »iForest«, »iPflanzen«, »Baumbestimmung«, »Plantnet«, »Birdnet«, »Tierscout«, »Butterflies« und »Insekten« (diese Auflistung ist natürlich bei Weitem nicht vollständig).

Aktiv gelebter Naturschutz ist im Hinblick auf den katastrophalen Zustand (ca. 60 Prozent aller einheimischen Arten sind vom Aussterben bedroht, und die Zahl steigt weiter) unserer Fauna und Flora unheimlich wichtig. Es geht dabei ja nicht nur um das Wohl unserer heimischen Natur, sondern auch um unser eigenes und das unserer Nachkommen.

So kann eigentlich jeder seinen persönlichen Beitrag nach eigenem Ermessen leisten. Die Möglichkeiten sind sehr vielfältig und reichen von persönlichen Einschränkungen bei Lebensstil, Ernährung, Konsum- und Reiseverhalten bis hin zu weniger drastischen Maßnahmen wie z. B. der Gestaltung eines naturnahen Gartens statt einer »grünen Wüste« oder der Teilnahme an aktiven Maßnahmen zum Schutz und zur Pflege von Biotopen oder zum Schutz von Wiesenbrütern, Wasseramseln & Co., um hier nur einige Beispiele zu nennen.

Wichtige Informationsquellen

Wer sich erst einmal ein Bild darüber machen will, welche Tier- und Pflanzenarten eigentlich wie geschützt sind, kann sich in der altbekannten »Roten Liste« informieren. Jedoch wiegt der europäische Artenschutz erheblich schwerer als der nationale, und das bedeutet, die sogenannten FFH (Fauna-Flora-Habitat-Richtlinie), Anhänge II, IV und V sind wichtige Informationsquellen. Einen weiteren Einblick gibt das Bundesnaturschutzgesetz (BNatSchG), das es in Abwandlungen für jedes Bundesland gibt. Weitere Hilfen bezüglich etwaiger Schutzgebiete bieten meist spezielle Internetseiten auf Landesebene, wie z. B. der Bayernatlas mit entsprechender Themenauswahl »Umwelt«. Hier können auch die entsprechenden Schutzgebiete, z. B. Naturschutz- oder FFH-Gebiet, durch Auswahl als farbliche Überlagerung eingeblendet werden. Spezifische Gebietsinformationen können oft schon durch einen Rechtsklick abgerufen werden.

Doch an dieser Stelle ist auch eine Warnung angebracht. Unter Umständen – und das ist leider gar nicht so unwahrscheinlich – stolpern Sie irgendwann über eine Umweltstraftat: illegale Nachstellung streng geschützter Tierarten, ein zerstörtes Habitat, die Störung eines natürlichen Lebensraums, den Sie schätzen und lieben gelernt haben. Und spätestens in dem Moment, wenn Sie sich dagegen wehren, kommt es zu Problemen und durchaus auch zu Anfeindungen. Wir müssen das an dieser Stelle so deutlich sagen, denn wir möchten uns nicht den Vorwurf machen müssen, jemanden zu Dingen überredet zu haben, die ein Risiko bergen. Wenn Sie – vor allem auf eigene Faust und ohne Rückendeckung durch einen Verband – gegen Umweltstraftäter vorgehen, kann das gravierende Folgen für Sie und Ihre Familie haben.

Deshalb sollten Sie sich vorab genau überlegen, was Sie tun. Denn sobald Sie wirklich aktiv werden, ist die Wahrscheinlichkeit sehr groß, dass man Sie als Querulanten betrachtet, sowohl im unmittelbaren Umfeld als auch von Amtsseite. Wenn Sie in einer ländlichen Region leben und dort gut vernetzt sind, kann der »Preis« weitaus höher sein als im eher städtischen anonymen Bereich.

Das betrifft leider eine Gruppe ganz besonders: die Jäger. Vorab möchten wir gerne klarstellen, dass wir definitiv keine Jagdgegner sind. Christian ist in einer Jägerfamilie aufgewachsen, kennt die Gepflogenheiten gut und ist damit vertraut. Wir müssen aber unterscheiden zwischen »echten« Jägern, die klassische Hege und Pflege betreiben und meist älteren Semesters sind, und selbst ernannten Feudalherren und »Killern«, in deren Revieren ganzjährig »Krieg« herrscht und die sich Befugnisse anmaßen, über die sie schlichtweg nicht verfügen.

Aufgrund unseres Engagements wurden und werden wir immer häufiger und immer aggressiver gerade von Jägern angefeindet. Das geht inzwischen bis hin zu Straftaten uns gegenüber. Derlei hätten wir früher nie für möglich gehalten. Wir sprechen hier aufgrund eigener Erfahrungen von massiven Drohungen, versuchter Körperverletzung, Amtsanmaßung, Nötigung, Beleidigung, Sachbeschädigung, sogar vom Vortäuschen von Straftatbeständen und dem Herumzeigen illegal gemachter Fotos von rechtswidrig installierten »Wildkameras« zum Zwecke der üblen Nachrede und der Verleumdung. Die Vorgänge füllen ganze Aktenordner. Und das alles nur, weil die Tatverantwortlichen versuchen, uns mit *allen* Mitteln aus ihren Jagdgebieten zu vergrämen und einzuschüchtern. Aus Furcht, wir könnten ein weiteres Mal aufdecken, welche Rechtsverstöße und Straftaten sich dort ereignen.

Sie müssen außerdem davon ausgehen, dass die zuständigen lokalen, regionalen und anderen Behörden nicht unbedingt auf Ihre Anfragen oder gar Anzeigen gewartet haben. Es gibt wirklich wunderbare, sehr hilfsbereite Menschen in diesen Ämtern, aber es gibt auch solche, die versuchen werden, Sie mit unvollständigen oder schlicht falschen Auskünften abzuwimmeln. Auf jeden Fall müssen Sie unglaublich viel Geduld mitbringen, wenn Sie z. B. herausfinden wollen, warum irgendwo eine Biberkastenfalle aufgestellt worden ist.

Für den Fall, dass Sie eine Straftat entdeckt haben und tätig werden wollen, können Sie diese bei der nächsten Polizeidienststelle melden. Das geht persönlich, telefonisch und schriftlich. Im Falle einer Straftat muss die Polizeidienststelle dann Anzeige erstatten und tätig werden, Sie sind also nur die Person, die meldet. Der Sachverhalt sollte natürlich so genau wie möglich geschildert werden, mit Datum, Uhrzeit, Bildern, Zeugen, genauen Ortsangaben, eigene Anschrift, Namen,

Geburtsort, Geburtsdatum, Familienstand etc. Außerdem werden Ihre persönlichen Angaben gebraucht. Dann noch die abschließende Unterschrift und das war's auch schon. Diese Anzeige können Sie persönlich abgeben oder auch versenden. Bei etwaigen Fragen wird die zuständige Polizeidienststelle Sie kontaktieren, um weitere Details zu erfragen.

Gerade in Sachen Natur- und Umweltschutz gibt es bei den zuständigen Strafverfolgungs- und Ermittlungsbehörden nach wie vor große Defizite, aber es gibt durchaus positive Anzeichen für eine konstruktive Zusammenarbeit. Lassen Sie sich – bei aller Vorsicht – also auf keinen Fall entmutigen.

Tipps zum Weiterlesen

(Stand: April 2024)

In eigener Sache
www.biber-info.de
www.christian-kutschenreiter.de

Literatur
www.emslandbiber.de/biberliteratur.html (umfangreichste Literatursammlung)
www.biber.info/Biber-Links/body_biber-links.html
www.bfn.de/sites/default/files/AN4/documents/mammalia/castor_fiber_lit.pdf
www.zobodat.at/biografien/Nitsche_Karl-Andreas_Publikationen_bis2008.pdf

Biberseiten im Internet
www.biber.info
www.moin-biber.de
www.deutschewildtierstiftung.de/wildtiere/biber

Wissenswertes zum Thema Biber
www.bibermanagement.de/Biber_in_Bayern__Biologie_und_Management.pdf

www.bibermanagement.de/Artenvielfalft_im_Biber revier.pdf
www.bibermanagement.de/Literatur/Biberbroschueren_LfU/Totholz_bringt_Leben_in_Fluesse_und_Baeche.pdf
www.bund-naturschutz.de/tiere-in-bayern/biber/steck brief
www.bund-naturschutz.de/tiere-in-bayern/biber/biber schaeden
www.lfu.bayern.de/buerger/doc/uw_105_biber_bau meister_der_wildnis.pdf

BAYERISCHES LANDESAMT FÜR UMWELT & BUND NATURSCHUTZ IN BAYERN (2009): Artenvielfalt im Biberrevier. Wildnis in Bayern. Augsburg, www.lfu.bayern.de.

BAYERISCHES LANDESAMT FÜR UMWELT (2009): Biber in Bayern. Biologie und Management. Augsburg, www.lfu.bayern.de.

BAYERISCHES LANDESAMT FÜR UMWELT (2009): Das bayerische Bibermanagement. Konflikte vermeiden – Konflikte lösen. Augsburg, www.lfu.bayern.de

ZAHNER, V., M. SCHMIDBAUER & G. SCHWAB (2005): Der Biber. Die Rückkehr der Burgherren. Buch & Kunstverlag Oberpfalz.

Über uns

Bettina Kutschenreiter (Jahrgang 1974) ist gelernte Vermessungstechnikerin und arbeitet seit vielen Jahren als technische Zeichnerin. Sie ist vor 22 Jahren durch eine ehemalige Nachbarin zur Fotografie gekommen. Seit den ersten gemeinsamen Urlauben mit ihrem Mann Christian widmet sie sich gemeinsam mit ihm der Naturfotografie.

Christian Kutschenreiter (Jahrgang 1974) ist Dipl. Ing. (FH) Elektrotechnik und hat die Fotografie erst durch seine Frau Bettina entdeckt. Die Liebe zur Natur bekam er von seinen Eltern vermittelt.

Seit nunmehr 21 Jahren verbringen beide jede freie Minute in der Natur und widmen sich allen Aspekten der Naturfotografie. Fast genauso lange beschäftigen sie sich schwerpunktmäßig mit Bibern. Dieses Projekt ist nur der gemeinsamen Leidenschaft zu verdanken. So vieles gemeinsam erleben und teilen zu dürfen ist ungewöhnlich und absolut unbezahlbar. Die Fotografie wurde in den letzten Jahren noch durch das Filmen ergänzt, um einem breiteren Publikum das faszinierende Sozial- und Familienleben der Biber näherbringen zu können.

Ihre Arbeiten werden in verschiedensten Printmedien als auch in Film und Fernsehen veröffentlicht und in nationalen und internationalen Multivision-Shows präsentiert.

Dank

Unser größter Dank gilt unserer Biberfamilie für das unsägliche Vertrauen, das sie uns täglich entgegenbringt. Die schönen Momente, Erlebnisse und Geschichten, die wir mit den Bibern erleben durften, haben uns für immer verändert. Hoffentlich bleibt uns dieses Privileg noch lange erhalten.

Was die Zweibeiner angeht, so möchten wir uns insbesondere bei unseren Eltern, Geschwistern, Freunden und auch dem ein oder anderen Arbeitskollegen bedanken. Sie »durften« sich alle unsere Bibergeschichten anhören, vielleicht öfter, als ihnen lieb war. Von unserem Freund Dietmar haben wir fast alles über die Naturfotografie und die Arbeit mit wild lebenden Tieren gelernt. Ohne ihn wären wir wohl nie so weit gekommen.

In Peter haben wir einen echten »Seelenverwandten« zum Thema Biber gefunden. Den Großteil seines Lebens hat er sich diesen Kerlchen sehr aufopfernd gewidmet und Hunderte Biber für Wiederansiedelungsprojekte in ganz Europa lebend gefangen. Durch einen weiteren glücklichen Zufall haben wir Herrn Prof. Dr. Reichholf kennengelernt, den Vater des Gedankens, Biber in Bayern wieder anzusiedeln. Ohne diese Menschen und alle ihre

Mitstreiterinnen und Mitstreiter wäre die Erfolgsgeschichte der Biber gar nicht denkbar. Und ohne dieses große Engagement würde es auch unsere Biberfamilie nicht geben.

Dass wir endlich die Möglichkeit bekamen, unsere Geschichten auch in Buchform zu veröffentlichen, verdanken wir nicht zuletzt unserem Agenten Dr. Martin Brinkmann. Danke, dass wir gemeinsam unseren lange gehegten Traum verwirklichen konnten!